Angela Reißenweber

Schweißen, Löten, Nieten

Angela Reißenweber

Schweißen Löten, Nieten

Metallbearbeitung für Einsteiger

64 Farbfotos
84 Zeichnungen
24 Tabellen

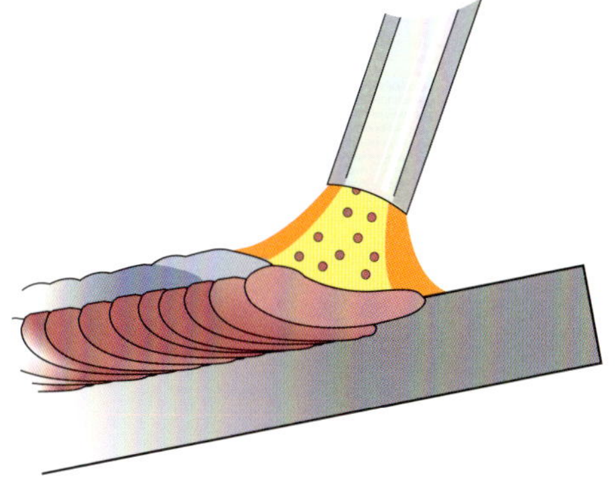

Inhaltsverzeichnis

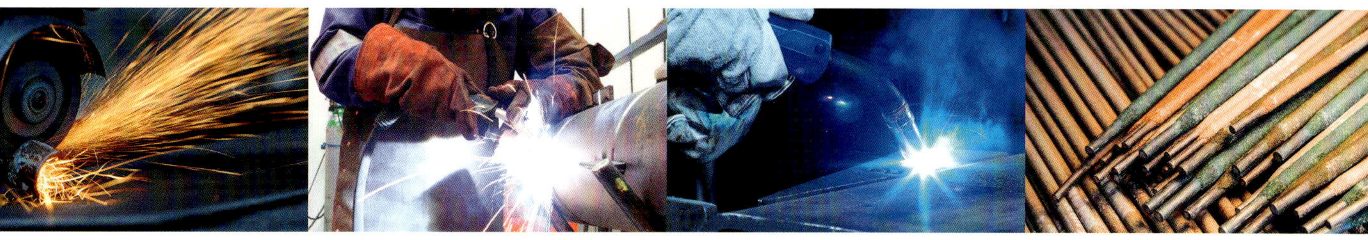

Einführung

Können Sie sich vorstellen, wie unsere Welt aussähe, wenn es keinen Stahl gäbe? Ist nicht ganz einfach, denn erst dann wird einem bewusst, wie sehr dieser Werkstoff unseren Alltag prägt. Er ist Teil unseres Lebens und begleitet uns auf Schritt und Tritt, im Bad, in der Küche, bei der Arbeit und in der Freizeit. Die ganze Welt baut auf Stahl: vom Wolkenkratzer über Automobile bis hin zu Eisenbahnschienen, Schiffen oder Weltraumraketen. In allen diesen Produkten steckt der Werkstoff Stahl.

Ganz einfach vorstellen können Sie sich bestimmt, wie praktisch und nützlich es wäre, wenn Sie selbst Werkstücke aus Stahl fachgerecht herstellen oder reparieren könnten. In diesem Buch erfahren Sie alles, was Sie dafür wissen müssen.

Natürlich sind die meisten Verfahren auch auf Nichteisenmetalle anwendbar, die entsprechenden Hinweise finden Sie jeweils im Text.

Beim Bearbeiten von Metall denken Sie vermutlich zuerst ans Schweißen, aber es gibt noch eine ganze Reihe anderer Möglichkeiten, Metallteile zu verbinden. Sie alle werden unter dem Begriff Fügetechnik zusammengefasst. Dazu gehören Schrauben, Nieten, Löten – und nicht zuletzt das Schweißen.

Alle Techniken werden wir Ihnen in diesem Buch erklären, mit Schwerpunkt auf dem Schweißen. Denn es gibt kaum eine andere Methode, die im Hinblick auf Zuverlässigkeit und Haltbarkeit ernsthaft mit dem Schweißen konkurrieren könnte – und die sich besser für den Garten- und Landschaftsbau eignet.

Also, lassen Sie uns gleich beginnen. Das wichtigste Werkzeug – und ein universelles obendrein – ist nämlich Wissen.

Ohne Stahl wäre unser heutiges Leben kaum mehr vorstellbar

Das erste bekannte Eisen stammt aus Meteoritengestein

Wissenswertes

- Es ist noch kein Meister vom Himmel gefallen – das erste bekannte Eisen allerdings schon. Es handelt sich nämlich um Meteor-Eisen und die ältesten Funde stammen aus der Zeit zwischen 5000 bis 4000 vor Christus. Schon damals verwendeten die Ägypter eisenhaltiges Meteoritengestein, um kleine Schmuckstücke anzufertigen, die ihnen wertvoller waren als Gold. Eisenerze kannten sie noch nicht.
- Die ersten Menschen, die Eisenerze zu bearbeiten wussten, lebten etwa 1400 vor Christus im Nahen Osten. In Europa beginnt die Eisenverarbeitung erst etwa 700 vor Christus. Das Metall gab dieser Periode seinen Namen: die Eisenzeit.

Eisen ist nicht gleich Stahl

Eisen ist nicht automatisch Stahl während Stahl immer auch Eisen ist. Entscheidend dafür ist der Kohlenstoffgehalt. Im umgangssprachlichen Gebrauch wird das eine allerdings oft als Synonym für das andere gebraucht; sogar Profis sprechen bei vielen Stahlprofilen von Winkeleisen und selbst das sprichwörtliche Eisen, das geschmiedet werden muss, so lange es heiß ist, wird in den meisten Fällen Stahl sein. Sicher kennen Sie selbst das eine oder andere Beispiel.

In der Umgangssprache ist hier eine genaue Unterscheidung auch nicht wirklich wichtig. Wenn Sie allerdings mit Stahl arbeiten wollen, sollten Sie doch wissen, mit welchem Werkstoff Sie wie zurechtkommen werden.

Eisen wird erst zu Stahl, wenn es eine gewisse Menge an Kohlenstoff enthält. Der Kohlenstoff bewirkt, dass das relativ weiche Eisen härter wird. Von Stahl spricht man aber erst, wenn das Eisen mindestens 0,002 % Kohlenstoff enthält.

Das Vergüten verändert die kristalline Struktur von Stahl

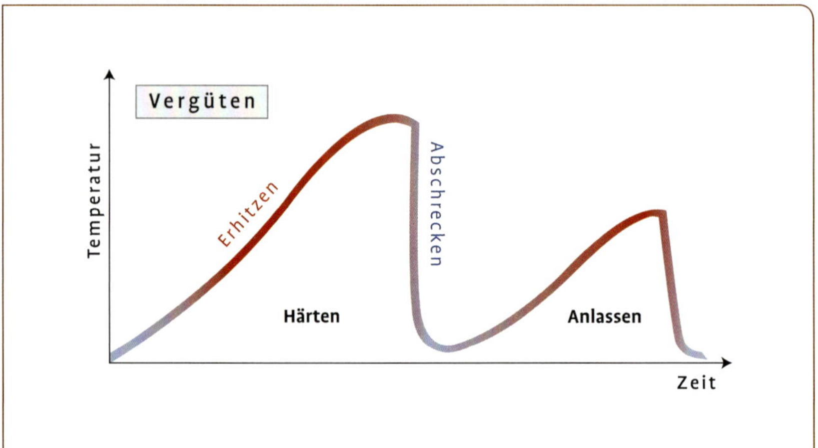

Wissenswertes

Beim Härten wird der Stahl auf 723 °C erwärmt. Dabei ändert sich seine innere Struktur, das heißt, dass sich die Kohlenstoffatome im heißen Stahl anders verteilen, als im kalten. Wird der Stahl langsam wieder abgekühlt, gehen die Atome zurück in ihre ursprüngliche Position, wird er jedoch schnell abgekühlt („abgeschreckt"), bleibt sozusagen keine Zeit mehr dafür und sie bleiben dort, wo sie sind. Dadurch kommt es zu Spannungen, die dann den Stahl härter machen.

Durch ein erneutes Erwärmen lösen sich diese Spannungen, denn die Kohlenstoffatome können an ihre ursprünglichen Positionen zurückkehren. Durch gesteuertes Wiedererwärmen kann der (durch das schnelle Abkühlen) glashart gewordene Stahl wieder bis zu der gewünschten Härte „erweicht," werden. Diesen Vorgang nennt man Anlassen, den gesamten Prozess Vergüten.

Je höher der Kohlenstoffanteil, desto härter wird auch der Stahl. Hierbei sind allerdings Grenzen gesetzt: bei mehr als 2,0 % Kohlenstoff sammelt sich der überschüssige Kohlenstoff meist lamellenförmig an und das wird als Gusseisen bezeichnet. Es ist nicht mehr plastisch verformbar, man kann es also nicht schmieden, und der Name leitet sich vom Gießen als einziges formgebendes Verfahren ab.

Stähle mit einem Kohlenstoffgehalt zwischen 0,5 und 1,5 % werden als Werkzeugstähle bezeichnet, da sie gut gehärtet werden können. Bei Stählen mit einem niedrigeren Kohlenstoffgehalt wird von Baustählen gesprochen. Diese Stähle eignen sich sehr gut zum Schmieden und zum Schweißen.

Die Bearbeitung von Baustahl

Nach den neuen EN-Normen sind Baustähle alle Stähle, die nicht unmittelbar als Werkzeugstahl verwendet werden.

Allgemein kann man sagen, Baustähle sind kohlenstoffarme Stähle, bei denen der Kohlenstoffgehalt zwischen 0,002 und 0,6 % liegt. Für eine gute Schweißbarkeit ist ein Kohlenstoffgehalt unter 0,22 % am günstigsten.

Baustahl lässt sich gut verarbeiten und ist für die meisten Metallarbeiten im Haus sowie im Garten- und Landschaftsbau das geeignete Material:

- Er ist gut zerspanbar.
- Er hat gute Schweißeigenschaften.
- Er ist kalt formbar.

Tab. 1 Stoffrelevante Kennwerte für Baustahl, die immer wieder benutzt werden

Stoffeigenschaft	Wert
Streckgrenze/Dehngrenze	185 bis 355 N/mm²
Zugfestigkeit	310 bis 630 N/mm²
Bruchdehnung	18 bis 26,1 %
Schubmodul	81 000 N/mm²
Querdehnzahl	0,3

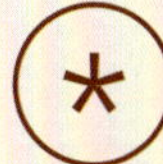

Wissenswertes

- Die Streckgrenze bezeichnet den Wert, bis zu dem ein Werkstoff bei Zugbeanspruchung keine dauerhafte plastische Verformung – also keine Verlängerung – zeigt.
- Die Zugfestigkeit ist die maximale mechanische Zugspannung, die der Werkstoff aushält, bevor er reißt.
- Die Bruchdehnung charakterisiert die Verformungsfähigkeit eines Werkstoffes.
- Das Schubmodul gibt Auskunft über die lineare Verformung eines Bauteils infolge einer Scherkraft oder Schubspannung.
- Die Querdehnzahl dient der Berechnung der Querkontraktion und gehört zu den elastischen Konstanten eines Materials.
- Das Einheitenzeichen N = Newton (sprich: njutn) ist die Maßeinheit für die physikalische Größe „Kraft“ und wurde nach Isaac Newton benannt. Es bezeichnet die Kraft, die benötigt wird, um einen ruhenden Körper der Masse 1 kg in einer Sekunde gleichmäßig auf einen Meter pro Sekunde (1 m/s) zu beschleunigen. Kraftwirkungen sind nicht sichtbar, man erkennt sie nur an den Auswirkungen:
  Formänderungen, zum Beispiel beim Biegen von Metall.
  Bewegungsänderungen, zum Beispiel beim Schlag mit dem Hammer.

Messen, anreißen, vorbereiten

Bevor es ans Trennen beziehungsweise Fügen von Metall geht, muss gewissenhaft vorbereitet werden. Gerade die Arbeit mit Metall erfordert äußerste Genauigkeit, denn Metall ist weitaus weniger tolerant, als Sie es vielleicht sind.

Das heißt auch, dass es hier nicht genügt, mit einem einfachen Zollstock zu messen. Vor allem bei kleineren Teilen muss teilweise im Bereich von Zehntelmillimetern genau gearbeitet werden. Dafür brauchen Sie entsprechende Mess- und Hilfsgeräte:

- Messschieber, (umgangssprachlich auch Schieblehre) der das Messen und Ablesen auf 0,05 mm genau ermöglicht,
- Stahllineal, Länge 50 cm,
- stabiler Schlosserwinkel, am besten mit Anschlag, um den rechten Winkel zu kontrollieren,
- Streichmaß zum Anreißen parallel verlaufender Linien,
- Reißnadel mit gehärteter Spitze, am besten mit geriffeltem Griff,
- Körner mit gehärteter Spitze,
- Reißzirkel mit sicherem Feststellmechanismus und gehärteter Spitze,
- Schmiege zum Abgreifen von beliebigen Winkeln,
- Schlosserhammer, ca. 500 bis 600 g.

Sparen Sie nicht bei der Anschaffung von Messgeräten. Je maßgenauer sie sind, desto teurer sind sie auch, aber diese einmalige Anschaffung macht sich schnell bezahlt.

Tipps zur richtigen Handhabung des Messschiebers

Den Messschieber brauchen Sie, wenn die Messgenauigkeit der Maßstäbe nicht mehr reicht, oder zum Vermessen von schwierigen Teilen, zum Beispiel Blechen, Drähten, Stäben, Rohren, Lochdurchmessern oder -tiefen. Er hat einen festen und einen beweglichen Schenkel. Zusätzlich befindet sich auf dem beweglichen Schenkel der sogenannte Nonius, auf dem Sie Zehntelmillimeter ablesen können.

So lesen Sie den Messwert auf dem Messschieber richtig ab:

- Zunächst die ganzen Millimeter ermitteln. Sie stehen auf der Hauptskala des festen Schenkels über dem Nullstrich des Nonius. Am einfachsten ist es, Sie betrachten den Nullstrich des Nonius als Komma.
- Dort, wo sich ein Strich des Nonius genau unter einem Strich der Hauptskala befindet, lesen Sie den Feinbereich ab. Auf unserem Foto also 5,0.

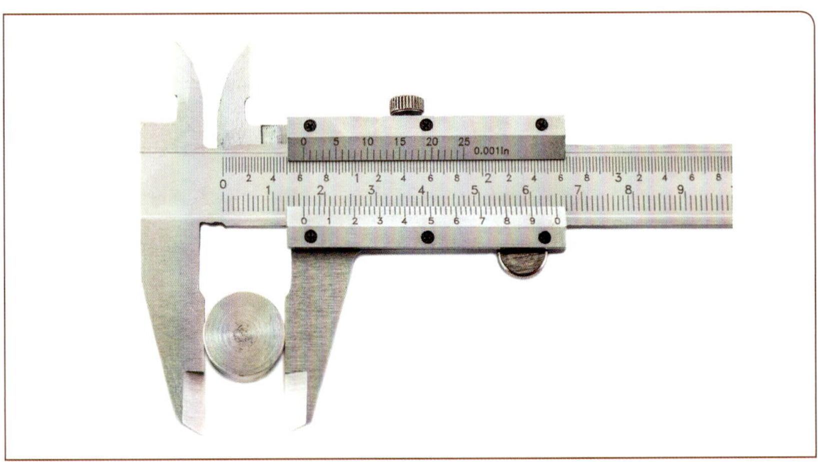

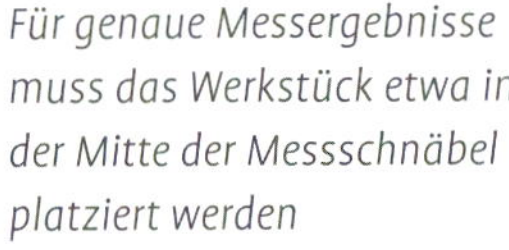

Für genaue Messergebnisse muss das Werkstück etwa in der Mitte der Messschnäbel platziert werden

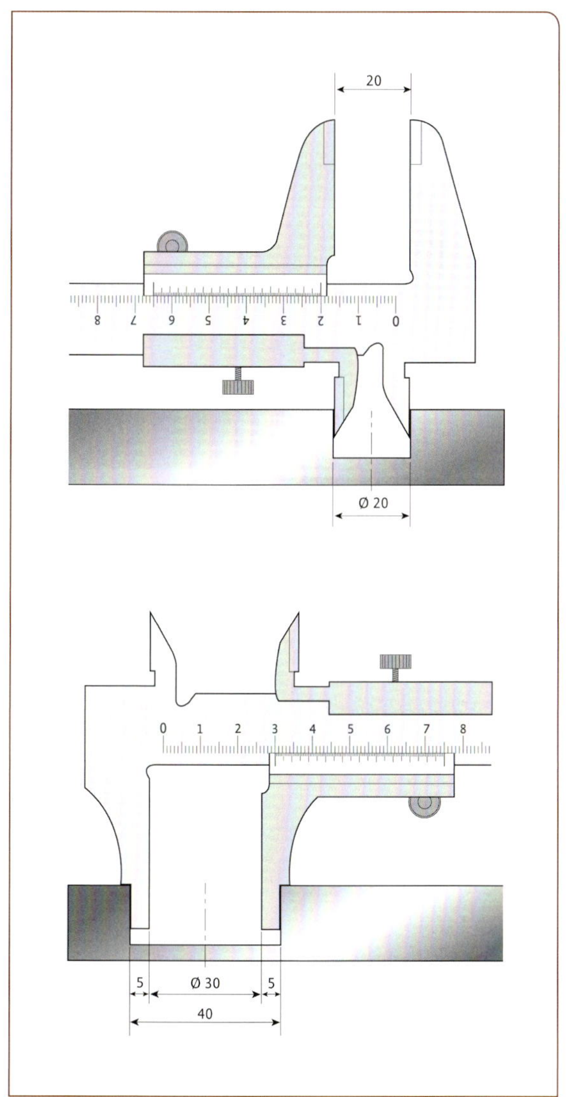

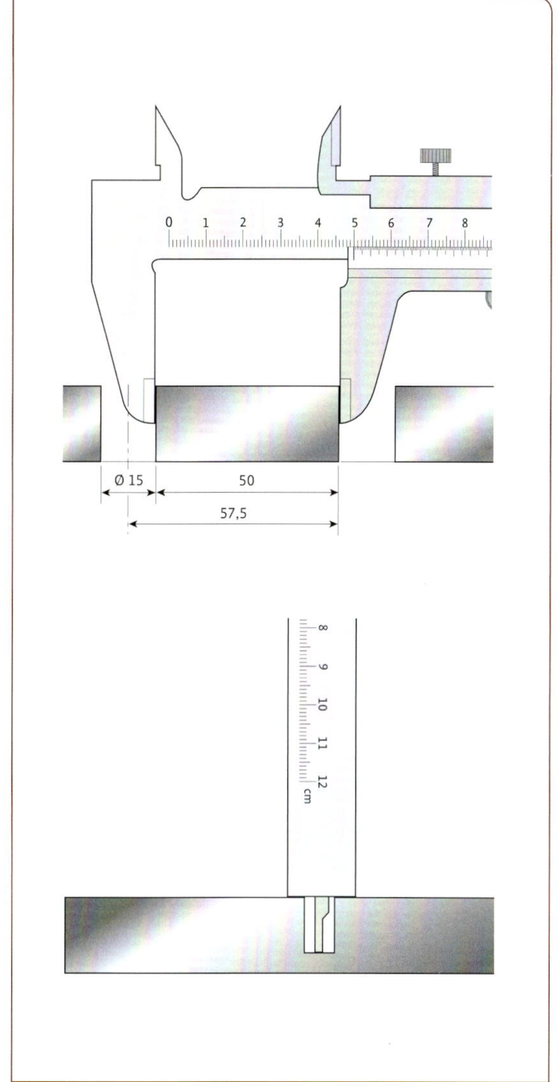

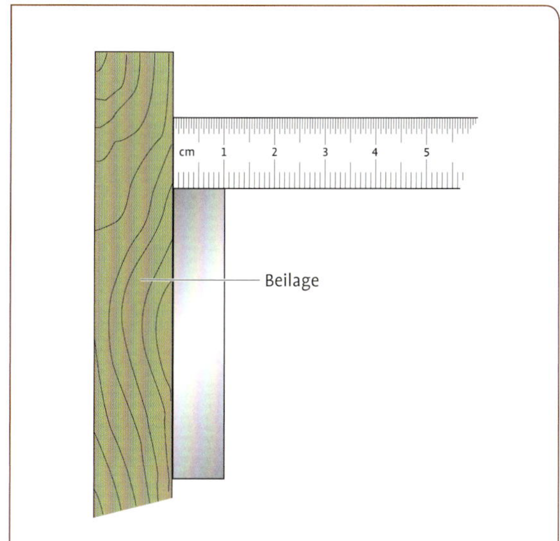

Links oben: Messen eines Loches mit den Innenmessschneiden (oben): zum abgelesenen Maß muss die Breite der Messschnäbel addiert werden (unten)

Rechts oben: Beim Messen eines Lochabstandes muss der halbe Lochdurchmesser zum abgelesenen Maß addiert werden (oben); Messen einer Nut mit dem Tiefenmaß (unten)

Unten: Eine Beilage hilft, genauer zu messen

In der Metalltechnik werden Längenmaße üblicherweise in Millimeter (mm) angegeben.

Mit dem Stahllineal messen Sie genauer, wenn Sie eine Beilage verwenden (siehe Abb. S. 11).

Anreißen und vorbereiten

- Der Schlosserwinkel sollte eine möglichst große Schenkellänge haben, so können Unebenheiten an der Schnittkante besser erkannt und ausgeglichen werden.
- Die Reißnadel wird dicht am Winkel oder Lineal entlang geführt und hinterlässt eine feine, glänzende Spur.
- Den Reißzirkel brauchen Sie zum Anreißen von Kreisen oder Bögen sowie zum Abgreifen oder Übertragen von Maßen auf das Werkstück.
- Beim Anreißen kommt es vor allem auf eine feste und ebene Unterlage an, denn die Reißnadel muss mit kräftigem Druck über das Metall gezogen werden, sonst hinterlässt sie nicht die gewünschte Spur. Ist die Auflage uneben oder wackelt sie im entscheidenden Moment, so war alle Mühe vergebens.
- Den Körner brauchen Sie zum Markieren von Bohrlöchern oder als Ansatzpunkt für den Reißzirkel. Bitte nicht einfach ansetzen und draufschlagen, das funktioniert meist nicht, da er schon mal abrutscht. Er wird zunächst schräg am markierten Punktrand angesetzt, mit einem leichten Schlag treiben Sie ihn dann zum Mittelpunkt. In dieser so entstandenen winzigen Kerbe findet der Körner Halt auf der glatten Metalloberfläche. Erst dann senkrecht stellen und anschlagen (erfordert ein wenig Übung). Natürlich je nach Blechdicke dosiert, Sie wollen ja nur markieren und nicht lochen.

Links: Achten Sie auf den korrekten Ansatz der Reißnadel

Rechts: Beim Körnen dosiert anschlagen, um keine Löcher zu erhalten

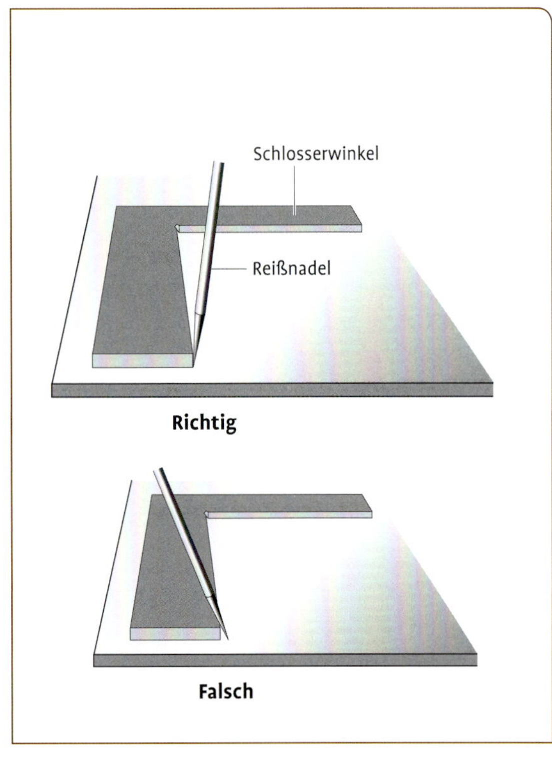

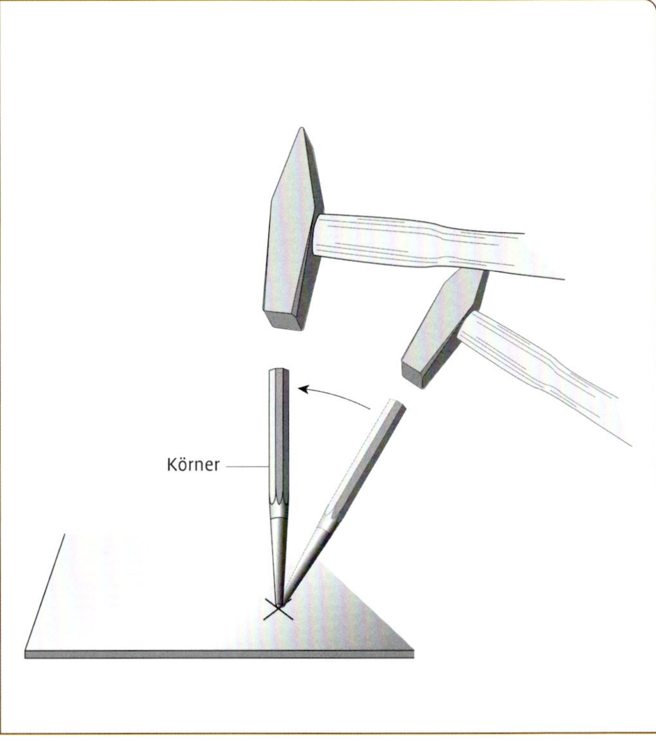

Das Anfertigen einer Projektzeichnung

Bevor Sie zu einem „richtigen“ Projekt schreiten, fertigen Sie als erstes eine genaue Zeichnung an. Verzichten Sie möglichst nicht darauf, dann fallen Ihnen fehlerhafte oder zu komplizierte Konstruktionen nämlich schon im Vorfeld auf.

Gewöhnen Sie sich gleich zu Beginn an, die allgemein üblichen Bezeichnungen zu verwenden, dann wissen Sie auch noch, was Sie gemeint haben, wenn Sie erst später mit der Ausführung beginnen können.

Werden Maße von einer Projektzeichnung auf das Material übernommen, sollten Sie auf Aussparungen und Schrägen besonders achten, da es hier oft zu fehlerhaften Übertragungen kommt.

Übrigens: Eine Zeichnung ist keine Rechenaufgabe, also lieber ein Maß zu viel, als zu wenig!

Die Bemaßung

- Alle Maße immer in Millimeter (mm) angeben.
- Bei kreisförmigen Konturen steht immer ein ∅-Zeichen vor dem Nennmaß.
- Radien werden mit einem R vor dem Nennmaß bezeichnet.
- Bei Gewindemaßen steht immer ein M vor dem Nennmaß (für metrisches Standard-Gewinde).

Die Linien

Linien werden immer in bestimmter Form gezeichnet:

- sichtbare Körperkanten als dicke, durchgezogene Linie,
- unsichtbare Körperkanten als dünne, gestrichelte Linie,
- Achsen als dünne Strich-Punkt-Linie (zylinderförmige Konturen, zum Beispiel Bohrungen, haben immer eine Mittellinie oder Achse),
- Maßlinien oder Hilfslinien als dünne, durchgezogene Linie, mit einem Pfeil an beiden Enden, wobei die Maßhilfslinien immer bis zur Körperkontur gezeichnet werden müssen.

Achtung: Linienstärken immer gewissenhaft einhalten, damit es nicht zu Verwechslungen kommt!

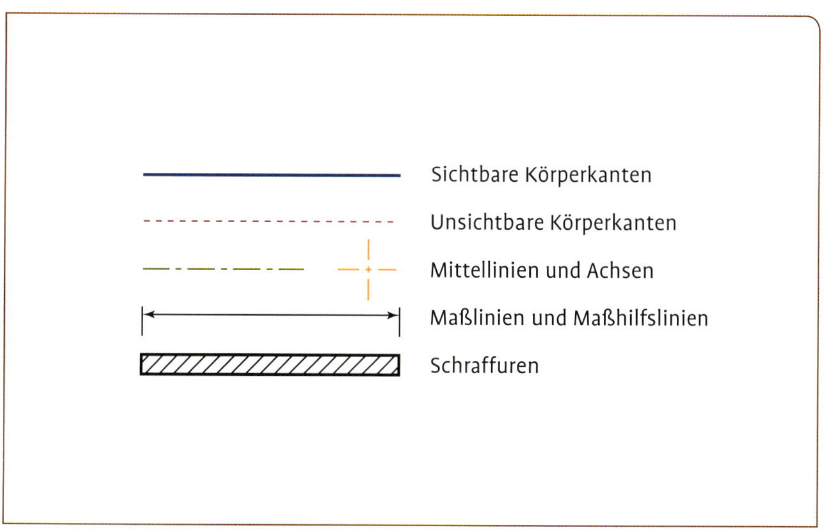

Die verschiedenen Linientypen

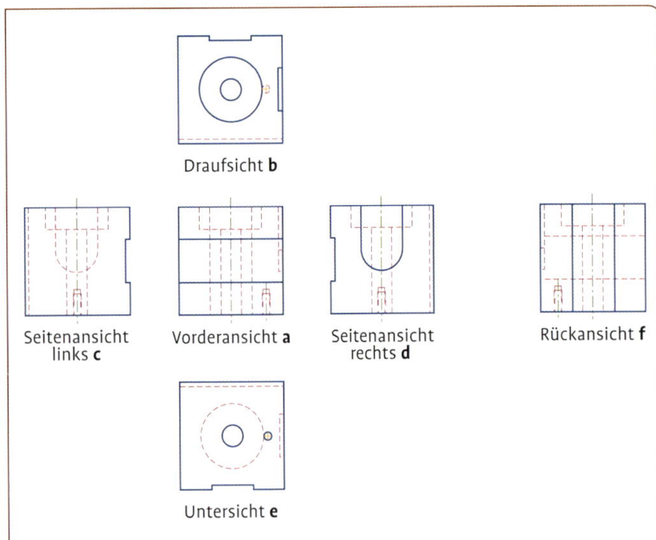

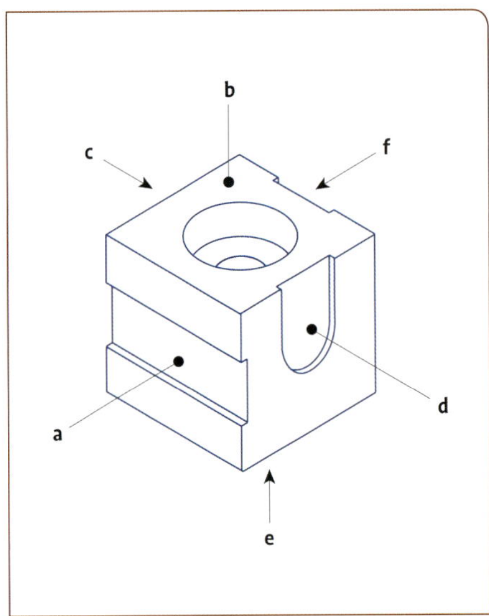

Links: Zeichnung für ein Werkstück

Rechts: Das fertige Werkstück

Das Einspannen der Werkstücke

Alle Werkstücke müssen immer fest und sicher eingespannt werden. So erleichtern Sie sich nicht nur die Arbeit, sondern beugen auch Unfällen vor.

- Kleinere Werkstücke werden sicher im Schraubstock eingespannt. Um verschieden geformte Teile sicher einspannen zu können, benutzt man spezielle „Spannbacken", die es in den unterschiedlichsten Formen und sogar magnetisch, für sichereren Halt, gibt. Außerdem nutzt man auch Hilfsmittel, wie verschiedene Unterlagen oder Zulagen, zum Beispiel aus Hartholz (Abb. Seite 15 unten).
- Beim Einsatz eines Schraubstockes sollte darauf geachtet werden, dass die Schnittkraft nicht auf die bewegliche Schraubstockbacke gerichtet ist.
- Größere Werkstücke werden mit Schraubzwingen sicher an der Werkbank fixiert.

Im Schraubstock lassen sich kleinere Werkstücke sicher einspannen

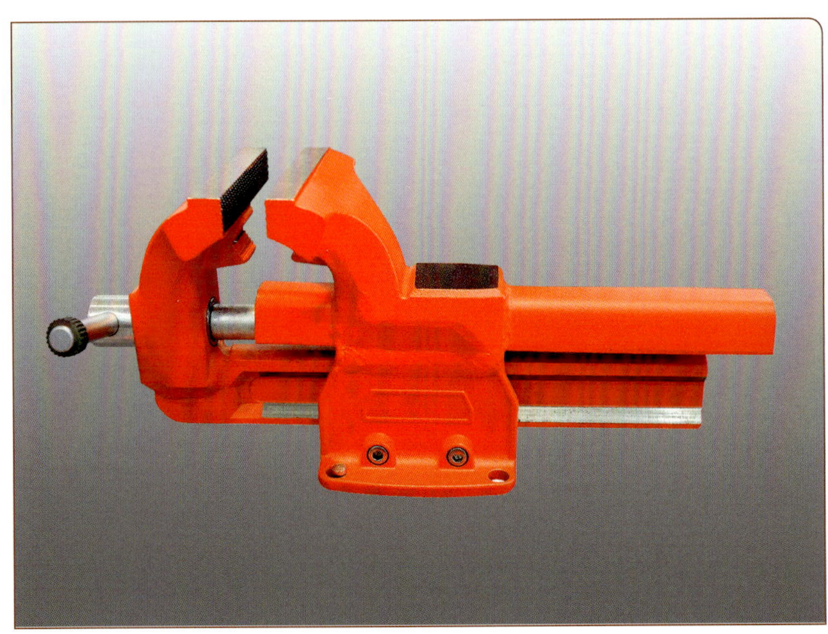

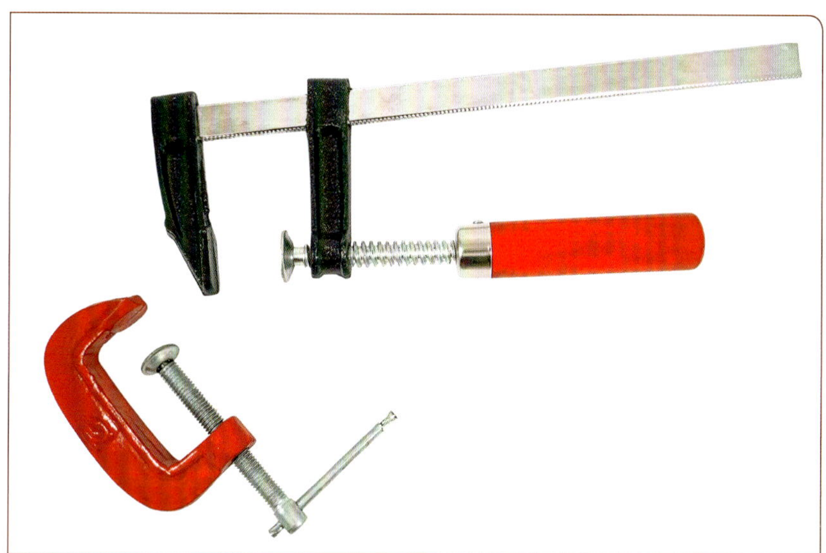

Größere Werkstücke werden mit Schraubzwingen fixiert

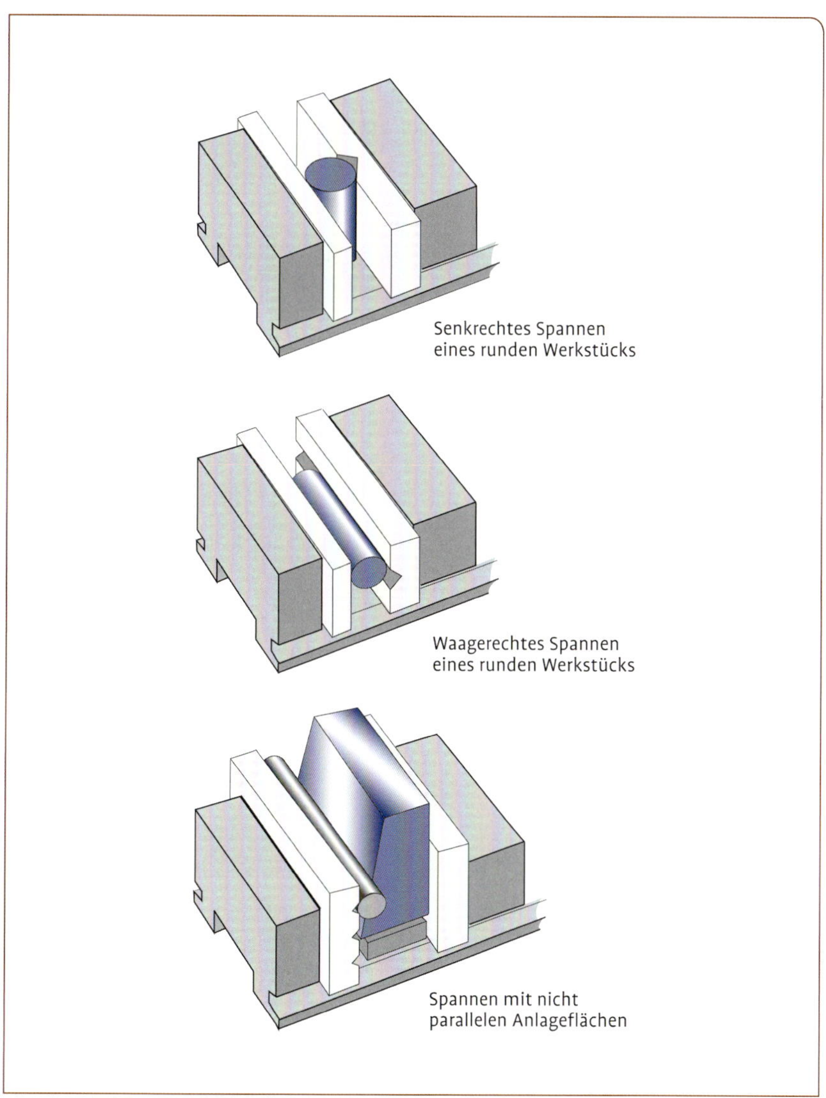

Durch Zulagen können die Spannbacken die Form des Werkstückes sicher aufnehmen

Das Zerspanen von Metall

Die verschiedenen mechanischen Bearbeitungsverfahren, bei denen die gewünschte Form durch Abtragen von Spänen erreicht wird, bezeichnet der Fachmann als Zerspanen (trennend) oder Spanen (formgebend).

Alle Werkzeuge zum Zerteilen oder Zerspanen haben keilförmige Schneiden. Jeder kennt die gebräuchlichsten: Sägen, Bohrer, Gewindeschneider, Feilen.

Das Sägen mit der Handsäge

Die Wahl des richtigen Werkzeuges richtet sich natürlich nach seiner Dicke und seiner Form. Dünnere Bleche sind auch mit der Handbügelsäge leicht zu trennen, wenn das Sägeblatt entsprechend ausgewählt wurde. Bewährt haben sich Sägeblätter aus Hochleistungs-Schnellschnittstahl (HSS). Sie sind verschleißfest und gut zu führen. **Bitte beachten Sie:** Was beim Sägen von Holz schon zu Problemen führt, ist beim Sägen von Metall erst recht problematisch: Das Sägeblatt darf nicht verkantet werden!

Das Blatt wird immer mit den Spitzen nach vorne eingespannt, es arbeitet auf Stoß! Die Zähne spanen das Metall wie ein kleiner Meißel ab und die Lücken zwischen den Zähnen nehmen zunächst diese Späne auf. Bei der Rückholbewegung werden sie aus dem Schnitt heraustransportiert. Wegen der vielseitigen Einsatzmöglichkeiten sind die Schneidwinkel der Zähne bei allen Handsägeblättern gleich.

Zahnteilung (t)

- Für lange Schnittfugen beziehungsweise weicheres Metall – Zahnteilung mittel = 16 Zähne auf 1 Zoll, t = 1,1 mm.
- Für kurze Schnittfugen beziehungsweise Baustahl – Zahnteilung fein = 32 Zähne auf 1 Zoll, t = 0,8 mm.

Die Handbügelsäge gibt es in verschiedenen Längen, am gebräuchlichsten sind Sägeblätter von 30 cm Länge. Das Werkstück muss fest eingespannt sein, damit es nicht federn oder nachgeben kann.

Links: Handsägen arbeiten auf Stoß

Rechts: Die Zahnteilung

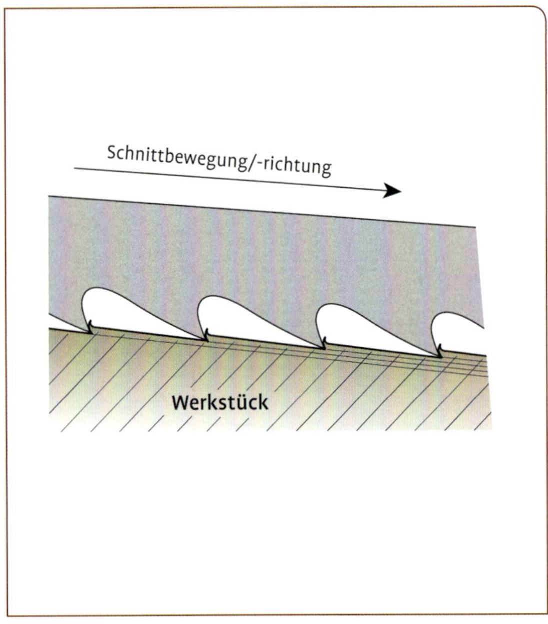

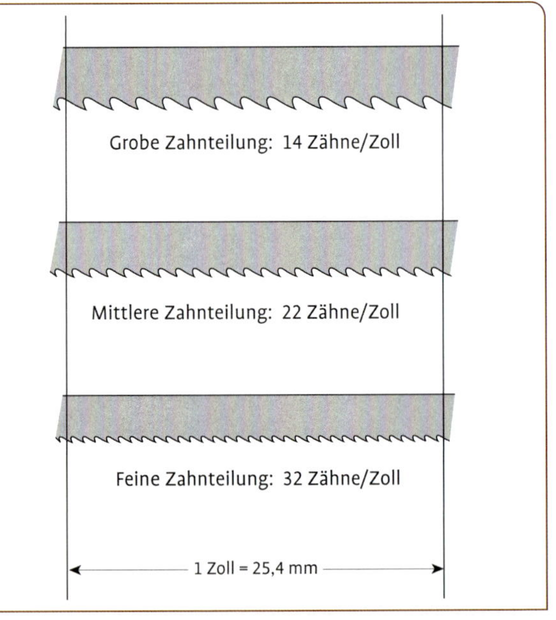

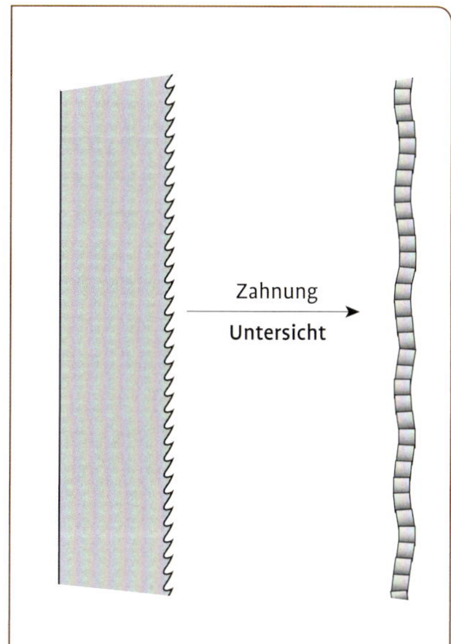

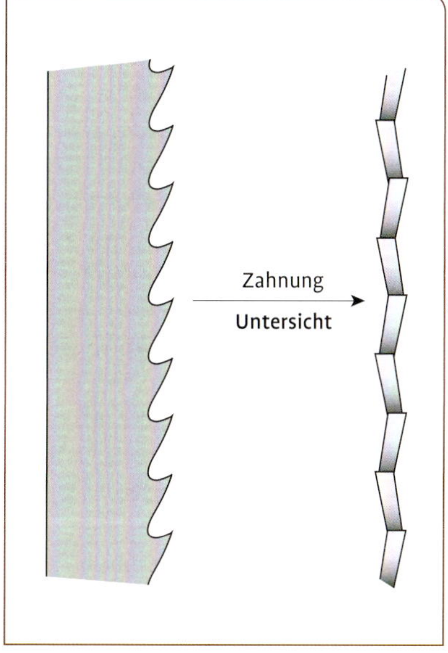

Links: Gewellte Zahnung

Rechts: Geschränkte Zahnung

Führen Sie die Bügelsäge mit beiden Händen: vorn am Griff, hinten auf dem Bügel. Zum Ansägen benutzen Sie das vordere oder hintere Drittel des Blattes, hier ist die Zahnung etwas feiner und dichter. Sägen Sie zunächst eine Spur, in der das Sägeblatt greifen kann.

Grundsätzlich sollten immer mindestens drei Zähne gleichzeitig ins Metall greifen. Sind es weniger als drei, kann der Schnitt rau und vibrationsstark sein, sind es mehr als drei Zähne, ist der Schnitt sauber und ruhig. Gesägt wird mit gleichmäßigen Stößen nach vorn, mit leichtem Aufwärtsschwung holen Sie die Säge jeweils zurück.

Das Freischneiden des Sägeblattes

Beim tieferen Eindringen eines glatten Sägeblattes in den Werkstoff würde sich die Reibung an den Seiten vergrößern, das Blatt würde heiß laufen und klemmen. Darum sind Sägeblätter nicht glatt gearbeitet: die Zähne sind entweder in Wellenlinien angeordnet oder „geschränkt" (d. h. abwechselnd nach rechts und links ausgebogen). Der Schnitt ist dadurch breiter als das Sägeblatt, die unerwünschte Reibung wird damit herabgesetzt und die Sägeblätter können sich selbst freischneiden. Gewellte Sägeblätter sind besonders bei feiner Zahnteilung zweckmäßig.

Verkanten Sie das Sägeblatt, funktioniert das Freischneiden nicht mehr, abgesehen davon, dass Sie keinen sauberen und geraden Schnitt bekommen.
Je nach Härte und Dicke des Werkstücks wählt man Sägeblätter mit verschiedener Zahnteilung.

- Beim Sägen weicher Metalle (Kupfer, Messing), aber auch bei langen Schnittfugen, sollte die Zahnteilung gröber sein, da sonst die Spanräume verstopfen.
- Beim Sägen harter Metalle (wie Baustahl), bei kurzen Schnittfugen und bei Blechen, dünnwandigen Profilen und Rohren kann eine feinere Zahnteilung gewählt werden. Hier fallen geringere Spanmengen an, sodass der Schnitt kaum verstopfen wird.

Das Sägen mit der Stichsäge

Gerade und lange Schnitte lassen sich sehr gut mit dem Metallsägeblatt einer Stichsäge ausführen. Die handelsüblichen Stichsägen (mit einer Leistungsaufnahme von 300 bis 400 Watt) sägen bei Baustahl Stärken bis zu 3 mm, manchmal auch mehr, je nach Sägeblatt. Bei längeren Schnitten führen Sie die Maschine am besten an einer Anschlagleiste beziehungsweise an einer Führschiene entlang.

Ganz wichtig: Lassen Sie die Maschine arbeiten, schieben oder drücken Sie nicht unnötig, sonst nutzen sich die Zähne zu schnell ab. Die Maschine sollte in jedem Fall ein Stellrad für die Geschwindigkeit haben. Die optimale Geschwindigkeit für das jeweilige Material ermittelt man am Besten durch Ausprobieren – ist leider so ...

Auch der Pendelhub, so die Maschine einen hat, sollte reduziert beziehungsweise ausgeschaltet werden. Können Sie die Geschwindigkeit der Säge nicht einstellen, ist es besser, zumindest für größere Arbeiten, ein entsprechendes Gerät zu kaufen oder zu leihen, Sie werden sonst mit dem Auswechseln der Sägeblätter kaum nachkommen.

Achtung: Schützen Sie die Augen unbedingt durch eine Schutzbrille und die Hände durch Handschuhe. Beim Stichsägen können Metallspäne auch nach oben fliegen, da sie auf Zug arbeitet!

Tipp
Reiben Sie das Sägeblatt mit etwas Seifenwasser oder speziellem Schneidöl ein. Das Sägeblatt gleitet besser und bleibt länger scharf.

Die wichtigsten Sicherheitshinweise

- Benutzen Sie nur scharfe und unbeschädigte Sägeblätter!
- Sollte das Blatt sich bläulich verfärben (Hitze), war die Belastung zu hoch und das Sägeblatt muss sofort ausgetauscht werden (Schnittgeschwindigkeit reduzieren!).
- Das Netzkabel sollte sich immer hinter der Maschine befinden, es aus Versehen zu zerschneiden, wäre fatal.
- Beim Einschalten der Maschine sollte das Sägeblatt noch nicht am Werkstück anliegen.
- Spannen Sie das Werkstück immer mit Zwingen fest auf den Werktisch beziehungsweise in einen Schraubstock.
- Umfassen Sie das Werkstück nie im Bereich des Schnittverlaufs, Sie wollen das Metall schneiden, nicht die Finger.
- Gedulden Sie sich, bis die Maschine völlig zum Stillstand gekommen ist, bevor Sie diese ablegen.
- Beim Wechseln des Sägeblattes immer sicherheitshalber den Stecker ziehen.

Stab- oder Bügelform?

Ob Sie sich für eine Stichsäge in klassischer Stabform oder in heute üblicher Bügelform entscheiden, ist sicher Geschmackssache. Die Stabform wird häufig von Profis bevorzugt, denn sie bietet den Vorteil, dass der Führungspunkt wesentlich tiefer liegt und so die Säge nicht so schnell zur Seite gekippt wird. Außerdem kann ein Griffbügel bei Sägearbeiten von unten oder über Kopf stören – beim Metall sägen sicher nicht so wichtig, aber im Normalfall werden ja auch andere Materialien damit gesägt. Sehr praktisch, vor allem im Freien, sind Akku-Stichsägen.

Das Sägen mit dem Winkelschleifer

Wollen Sie starkwandige Profile oder Bleche von mehr als 3 mm Dicke trennen, dann ist der Winkelschleifer das richtige Gerät. Auch hier muss das Werkstück fest eingespannt werden, da die Maschine mit hohen Drehzahlen arbeitet.

Benutzen Sie nur Trennscheiben, die für Metall vorgesehen sind. Üblicherweise wird freihändig gearbeitet, was einige Übung erfordert. Achten Sie in jedem Fall darauf, die Maschine nicht zu verkanten! Wer häufiger mit dem Winkelschleifer arbeitet, sollte sich eine entsprechende Halterung anschaffen.

Beim Arbeiten mit dem Winkelschleifer entsteht immer ein heftiger Funkenflug. Damit die Funken nicht in alle Richtungen fliegen, sind die Maschinen mit einem verstellbaren Schutzschild ausgestattet. Natürlich sollte die geschlossene Seite in Ihre Richtung weisen.

Mit dem Winkelschleifer (Flex) lässt sich auch dickeres Blech durchtrennen

Achtung: Tragen Sie unbedingt eine Schutzbrille, möglichst schwer entflammbare Kleidung und Arbeitshandschuhe. Die üblichen Schweißerhandschuhe sind hier allerdings nicht geeignet. Wählen Sie Montagehandschuhe, die enger anliegen und sich nicht verfangen können.

Arbeiten Sie wegen des Funkenfluges möglichst im Freien oder achten Sie sonst darauf, dass sich kein entflammbares Material in der Nähe befindet.

Wissenswertes

Beim Winkelschleifer wird die Schleifscheibe über ein Winkelgetriebe angetrieben, was ihm seinen Namen gibt. 1954 wurde das Gerät von der FLEX-Elektrowerkzeuge GmbH aus Steinheim eingeführt. Ihr Markenname „Flex“ wird heute umgangssprachlich als Gattungsname verwendet.

Das Bohren in Metall

Beim sachgemäßen Umgang mit dem Bohrer werden Sie feststellen, dass sich Metall, trotz seiner Härte, gut bearbeiten lässt. Erste Voraussetzung dafür ist die Wahl des entsprechenden Bohrers. Man verwendet vor allem Spiralbohrer.

- Metallbohrer müssen die Bezeichnung HSS (Hochleistungs-Schnellschnittstahl) tragen und natürlich den richtigen Durchmesser haben. HSS-Stähle sind hochlegierte Edelstähle und zeichnen sich durch große Härte, Verschleißfestigkeit und Warmfestigkeit aus. Die Warmfestigkeit bei Bohrern aus HSS-Stahl ist bis zu 550 °C gewährleistet.
- Wenn der Bohrer „wie geschmiert“ durch das Metall gehen soll, müssen Sie genau das tun: Schmieren Sie die Bohrspitze mit einem Gemisch aus Öl und Seifenlauge oder mit fertigem Schmiermittel. Die Zugabe von Kühl- und Schmiermittel bewirkt die Senkung der Schneidtemperatur und die Minderung des Verschleißes (gibt es fertig zu kaufen).
- Ein abgenutzter Bohrer schneidet nicht mehr richtig, er „reitet“ auf der Oberfläche. Wenn Sie sehr hochwertige Bohrer gekauft haben, sehr häufig damit arbeiten und die Möglichkeit haben, diese in einem Fachbetrieb nachschleifen zu lassen, dann tun Sie das. Wenn nicht, dann nutzt es nichts, Sie müssen einen oder gege-

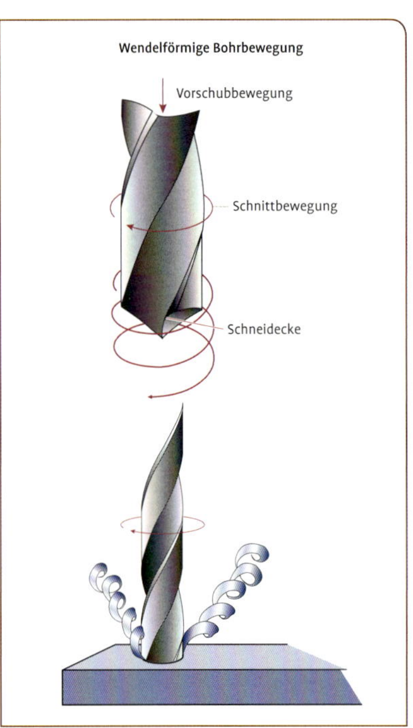

Links: Es wird zwischen Vorschub- und Schnittbewegung unterschieden

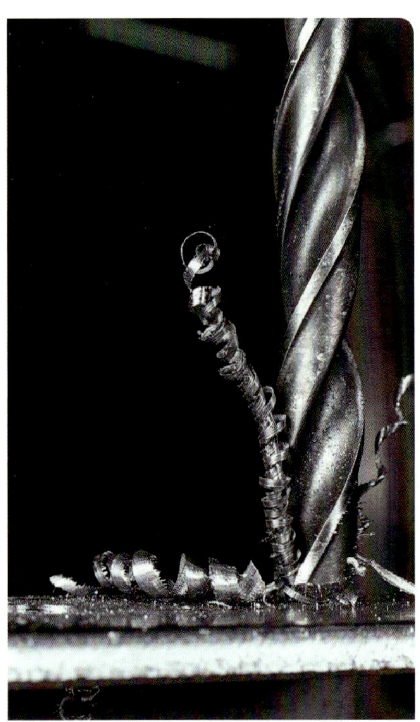

Rechts: Mit der richtigen Drehzahl entstehen gleichmäßige Späne

Tab. 2 Schnittgeschwindigkeit

Werkstoff des Werkstücks	HSS-Bohrer Schnittgeschwindigkeit	Kühl-/Schmiermittel verwenden
Stahl bis 700 N/mm²	20 bis 30 m/min	zwingend
Leichtmetalle	35 bis 100 m/min	besser
Messing	50 bis 80 m/min	besser
Gusseisen bis 260 N/mm²	15 bis 25 m/min	besser

benenfalls mehrere Neue besorgen. Selber von Hand nachschleifen zu wollen, bringt nichts, damit haben teilweise echte Profis schon ihre Probleme.

Sehr wichtig ist die richtige Schnittgeschwindigkeit. Sie ist abhängig vom Material des Bohrers und dem des Werkstückes. Vereinfacht gesagt, je wärmer der Bohrer wird, desto geringer sollte die Schnittgeschwindigkeit sein. Üben Sie keinen Druck aus, lassen Sie den Bohrer arbeiten. Die richtige Umdrehungszahl können Sie mithilfe der Tabelle ermitteln, die sich auf den meisten Bohrergehäusen oder in der Gebrauchsanweisung befindet. Sonst sehen Sie in unten stehender Tabelle nach. Wenn Sie die richtige Drehzahl gewählt haben, entstehen in der Regel schöne lange Späne. **Faustregel:** „Eher zu langsam als zu schnell".

Das sollten Sie beim Bohren beachten:

- Vor dem Bohren wird die Bohrlochmitte ausgemessen und angekörnt. Löcher ab 6 mm auf 3 mm vorbohren.
- Durch Zugabe eines Kühlschmiermittels wird die Zerspanungswärme schneller abgeführt.
- Bohren Sie niemals freihändig in Metall, denn hier ist es wichtig, genau rechtwinklig zur Oberfläche zu arbeiten, wenn später nichts klemmen soll. Das heißt:

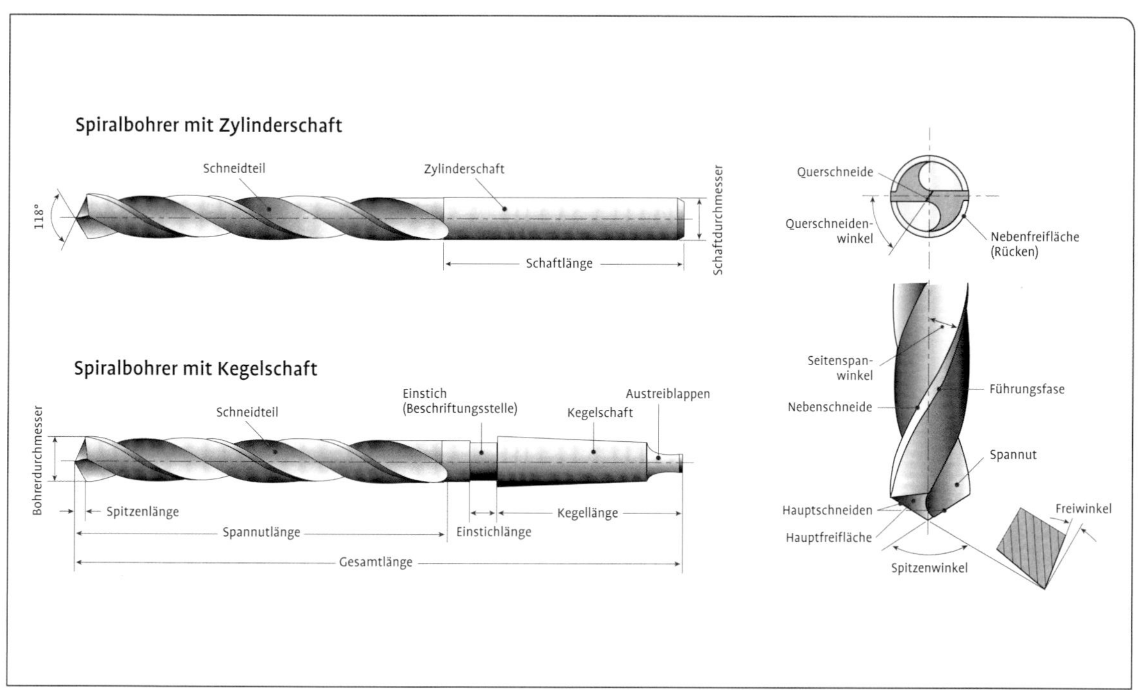

Werkstück fest einspannen und immer mit einem Bohrständer arbeiten (gibt es passend zu den meisten Bohrmaschinen).

Der Aufbau des Spiralbohrers bestimmt die Verwendung

Der Kauf des richtigen Bohrers
Normalerweise geht man in den Baumarkt und sucht sich den richtigen Bohrer aus. Wenn man unsicher ist, sucht man sich jemanden zur Beratung. Wenn man viel Glück hat, findet man einen Verkäufer und wenn man noch mehr Glück hat, ist dieser auch kompetent. Aber eben nur mit Glück. Darum ist es gut, selber soweit Bescheid zu wissen, dass man im Zweifelsfall auch allein zurechtkommt. Darum hier also eine kleine Bohrerkunde.

Der Aufbau eines Spiralbohrers
Im Schneidteil des Bohrers gibt es zwei gegenüberliegende Spannuten. Durch diese werden die Späne aus der Bohrung nach oben transportiert. Der Winkel zwischen Spannut und Bohrerachse wird Drallwinkel genannt. Beim Bohrer entspricht der Spanwinkel dem Drallwinkel.

Daraus ergibt sich: Je härter der zu bohrende Werkstoff, desto kleiner sollte der Drallwinkel sein.

Bitte beachten:
Als Rattern bezeichnet man Schwingungen, die beim Zerspanen auftreten können. Sie beeinträchtigen die Oberflächengüte des Werkstückes und können zu dessen Bruch oder dem der Werkzeugschneide führen. Rattern kann resultieren aus:
- zu schlanker Werkzeuggestalt (also zu geringer Steifigkeit),
- zu hohen Schnittparametern,
- dem Treffen einer Eigenfrequenz der Maschine,
- falsch eingespannten Werkstücken.

Die Bohrerspitze wird keilförmig angeschliffen. Die zwei Hauptschneiden des Bohrers bilden den Spitzenwinkel. Für optimale Bohrbedingungen muss der Spitzenwin-

Tab. 3 Die Spiralbohrertypen

	Typ W – weicherer Werkstoff	Typ N – normal harter Werkstoff		Typ H – härterer Werkstoff		
Drallwinkel	35 bis 40°	16 bis 30°		10 bis 13°		
Spitzenwinkel	130°	118°	135°	80°	118°	135°
Beispiele für entsprechenden Werkstoff	Kupfer Aluminium Blei Zinn	Stahl und Stahlguss Zugfestigkeit:		Kunststoff Hartgummi	Messing	Stahl über 1200 N/mm^2
		400 bis 700 N/mm^2	700 bis 1200 N/mm^2			

kel ein günstiges Maß haben. Auch hier richtet sich der Einsatz der drei genormten Spiralbohrertypen W (weich), N (normal) und H (hart) nach der Festigkeit des zu bearbeitenden Materials. Aus oben stehender Tabelle ergibt sich zum Beispiel für Baustahl ein Bohrer Typ N mit einem Drallwinkel von 16 bis 30° und einem Spitzenwinkel von 118°.

Vorbohren bei größeren Löchern

Durch den Aufbau des Spiralbohrers entsteht an der Spitze die „Querschneide". Sie ist die Verbindung zwischen den beiden Hauptschneiden. Der Werkstoff wird von der Querschneide allerdings nicht geschnitten sondern „geschabt", sie behindert also letztlich den Bohrvorgang. Tatsächlich werden dafür fast 40 % der gesamten Vorschubkraft benötigt. Bei größeren Bohrern soll die Querschneide nicht zum Eingriff kommen. Die Löcher werden auf die Kerndicke des größeren Bohrers vorgebohrt.

Das Senken

Das Senken ist mit dem Bohren verwandt. Durch Senken (mit dem Kegelsenker oder dem Flachsenker) erhalten zylindrische Löcher die Form, die zur Aufnahme von Verbindungselementen, wie Schrauben, Nieten, Stiften, notwendig ist. Damit beim Senken glatte Oberflächen erzielt werden, arbeitet man mit niedrigen Schnittgeschwindigkeiten, das heißt, sie sollten etwa halb so groß sein, wie beim Bohren unter gleichen Bedingungen.

Sollen die Bohrlöcher nicht abgesenkt werden, kommt nur ein Entgrater zum Einsatz.

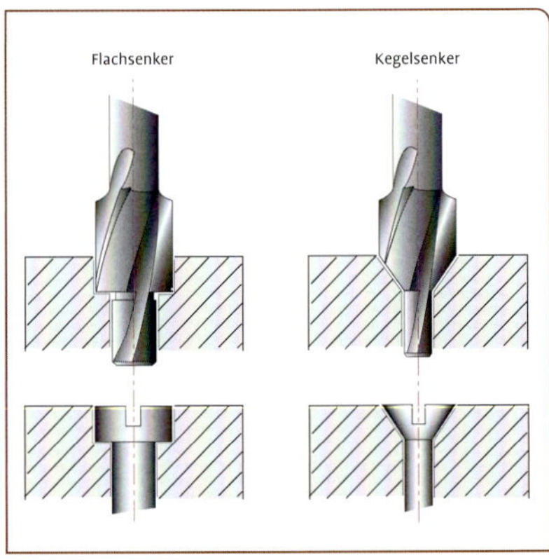

Links: Kegelsenker in verschiedenen Größen

Rechts: Senker für Schrauben mit zylindrischen und kegelförmigen Schraubenköpfen

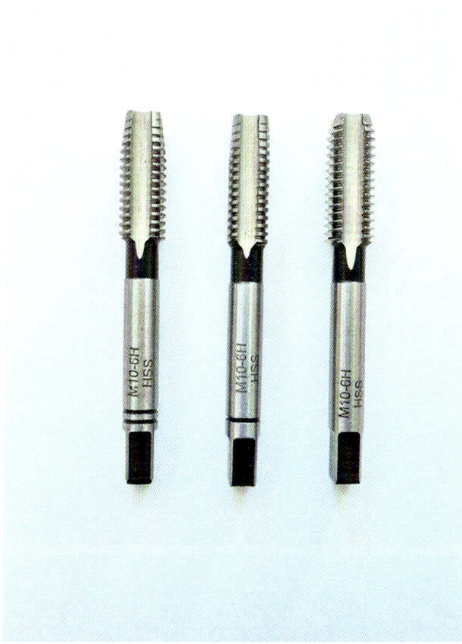

Links: Die drei notwendigen Innengewindeschneider

Rechts: Im Windeisen werden die Gewindeschneider eingespannt

Innengewinde schneiden in Metall

Gewinde werden zum Verbinden von Einzelteilen mittels Schrauben benötigt. Ein Innengewinde wird mit speziellen Gewindebohrern geschnitten, die aus Vorschneider, Mittelschneider und Fertigschneider bestehen:

- Der Vorschneider zerspant die Hälfte des Werkstoffes, zur Kennzeichnung hat er einen Ring.
- Der Mittelschneider zerspant ein Viertel des Werkstoffes und trägt zwei Ringe.
- Der Fertigschneider zerspant das restliche Viertel und hat keinen Ring.

Demgemäß sind mehrere Arbeitsschritte notwendig:

- Bohrung des Kernlochs: Durchmesser festlegen: = 0,8 × Gewindedurchmesser. Beispiel: 4 mm Gewinde × 0,8 = 3,2 mm Bohrerdurchmesser.
- Kernloch mit einem 90°-Kegelsenker ansenken.
- Vorschneider im rechten Winkel ansetzen. Mit dem Windeisen im Uhrzeigersinn langsam eindrehen. Schneidöl verwenden.
- Den dritten Arbeitsgang mit dem Mittel- und dem Fertigschneider wiederholen.

Bei Grundbohrungen nicht bis ganz auf den Bohrgrund schneiden, der Bohrer kann sonst abbrechen. Achten Sie darauf, dass der Gewindebohrer einen Anschnitt besitzt und die nutzbare Gewindelänge kürzer als die Kernlochtiefe ist.
Bei Durchgangsbohrungen müssen beide Seiten angesenkt werden. Durch das Ansenken wird der Gewindebohrer besser geführt und das Gewinde wird entgratet.

Die Gewinde können mit dem Windeisen von Hand (üblicherweise) oder mit der Bohrmaschine geschnitten werden. Beim Schneiden von Hand muss der Winkel genauestens eingehalten und zwischendurch überprüft werden.

Viele Bohrmaschinen sind mit einer Gewindeschneidautomatik ausgerüstet. Die Maschine schaltet nach Erreichen der gewünschten Bohrtiefe automatisch auf Linkslauf.

Links: Der Außengewindeschneider wird in ein Windeisen gespannt

Rechts: Der Außengewindeschneider arbeitet in einem Arbeitsgang

Außengewinde schneiden

Außengewinde schneiden Sie mit dem Schneideisen. Die Schneidekanten werden durch die Spannuten gebildet. Schneideeisen schneiden ein maßhaltiges Gewinde in einem Arbeitsgang. Es gibt sie sowohl offen als auch geschlossen. Offene können im Durchmesser verstellt werden. Alle Gewindeschneider sind aus HSS-Stahl gefertigt.

Werkstücke feilen

Wenn Sie ein Werkstück in Größe und Form zugesägt haben, muss es in den meisten Fällen noch einmal nachgearbeitet werden. Hier werden Feilen zum Glätten und Entgraten von Sägeschnitten oder Bohrlöchern benutzt beziehungsweise um Einzelteile vor dem Zusammenfügen passgenau zu bearbeiten.

Grundregeln für beste Ergebnisse:

- Die auf dem Feilenblatt eingefrästen „Rillen" nennt man „Hiebe". Für Baustahl wählen Sie immer doppelhiebige Feilen (Kreuzhieb), einhiebige Feilen sind nur für weichere Metalle geeignet. Je härter das Material, desto feiner sollte die Feile sein. Die sogenannte Hiebnummer gibt darüber Aufschluss. Je größer die Hiebnummer, desto feiner ist die Feile:
  0 und 1 = grob,
  2 und 3 = mittel,
  4 und 5 = fein.
- Das Werkstück fest einspannen, natürlich so, dass Sie gut an die Bearbeitungsfläche herankommen. Wählen Sie immer eine möglichst große und breite Feile, um Kippeln zu vermeiden. Fassen Sie die Feile mit einer Hand am Heft (Griff), mit der anderen am Blattende und halten Sie diese ruhig und waagerecht. Führen Sie das Blatt mit Druck vor und ohne Druck zurück.
- Reinigen Sie die Feile auch während des Arbeitsvorganges mit der Feilenbürste. Die feinen Metallspäne setzen die Hiebe schnell zu und machen die Feile stumpf.
- Rostige Feilen sind und bleiben stumpf.
- Die Feile sollte ölfrei sein, sonst rutscht sie.
- Achten Sie auch hier wieder auf gute Qualität. Vor allem das Heft sollte sehr fest sitzen, Sie möchten es doch nicht mitten im Schwung aus der Hand geben.
- Die Feilenform passend zum Werkstück beziehungsweise Profil auswählen. Es gibt eine Vielzahl von Feilenquerschnitten, die alle genormt sind.

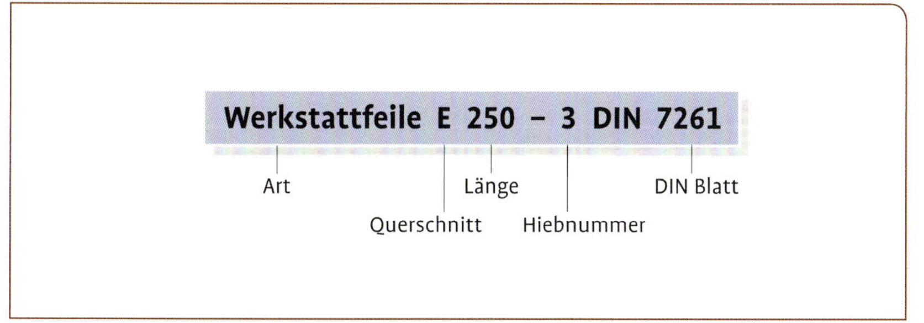

Beispiel für die Bezeichnung einer Feile (nach DIN 7261)

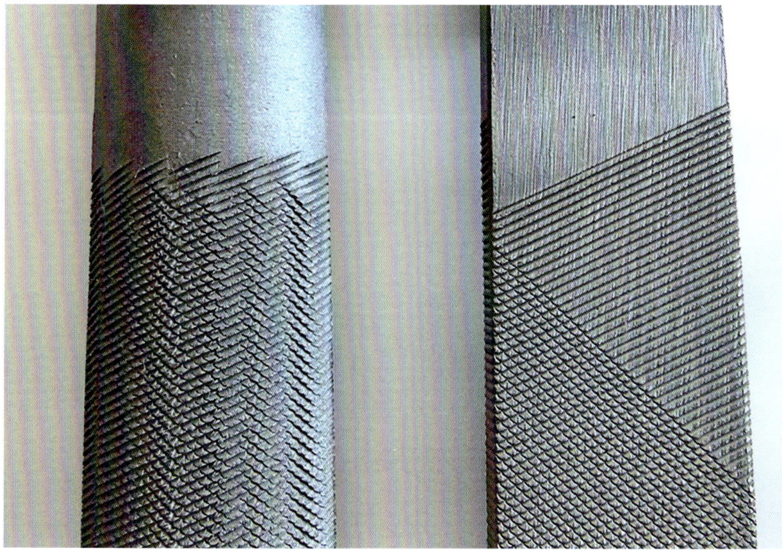

Kreuzhiebe auf Metallfeilen

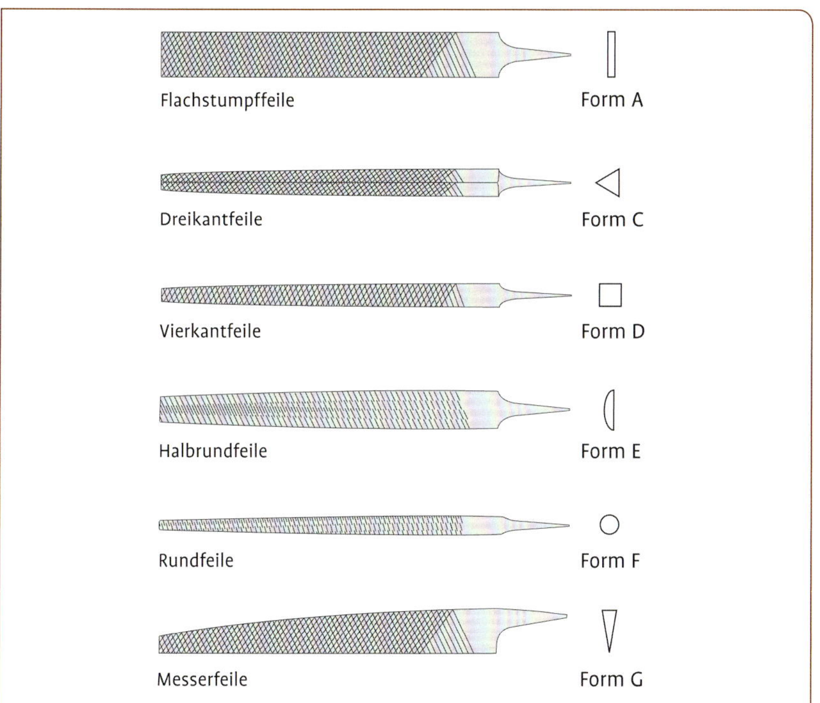

Je nach Aufgabe werden verschiedene Feilenquerschnitte gewählt

Das Verbinden (Fügen) von Metall

Werden Werkstücke aus Einzelteilen zusammengesetzt, spricht der Fachmann vom „Fügen". Diese Verbindungen sind in Regel feste Verbindungen. Sie unterscheiden sich in unlösbare, lösbare und bewegliche Verbindungen.

- Starre, unlösbare Verbindungen werden durch Nieten, Schweißen oder Kleben hergestellt und sind in der Regel nur durch Zerstörung wieder lösbar.
- Starre, lösbare Verbindungen können bei Bedarf wieder getrennt werden, zum Beispiel Verschraubungen.
- Verbindungen, die nur die Beweglichkeit zwischen zwei Teilen einschränken, sind Gelenke (z. B. Dreh- oder Schiebegelenke).

Kraftschlüssig, formschlüssig, stoffschlüssig – Beispiel „Fügen einer Welle mit einer Nabe"

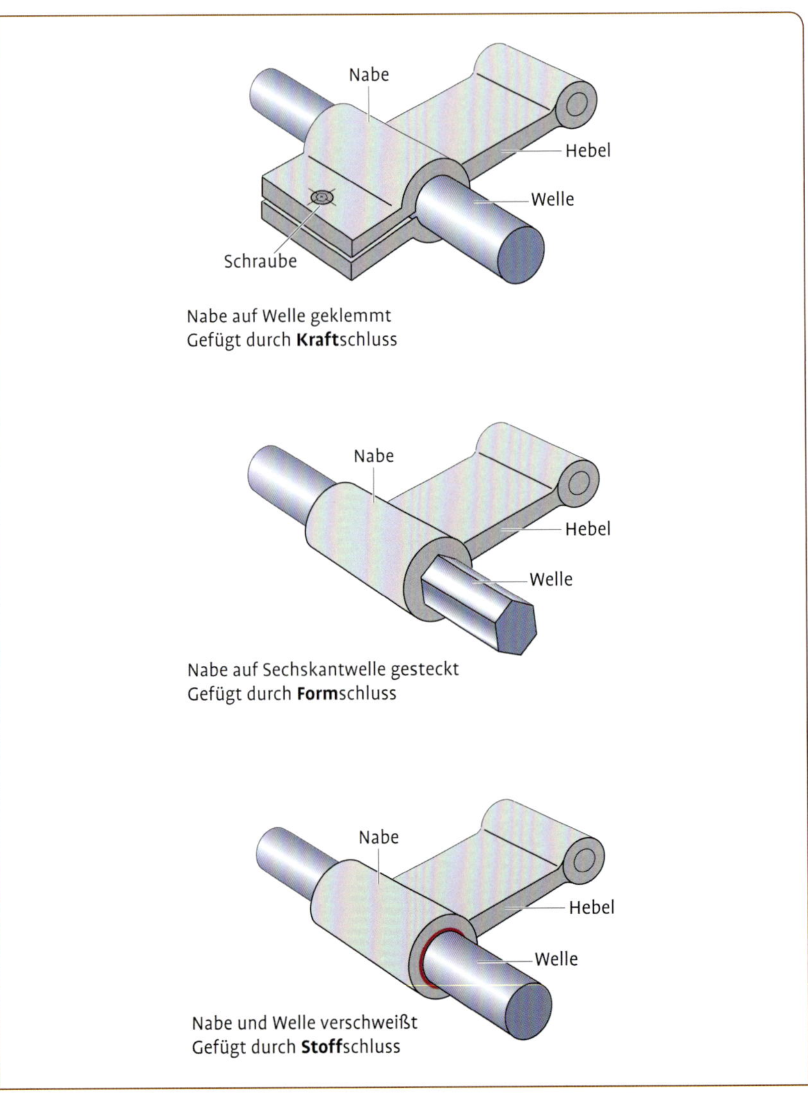

Fertigungsverfahren beim Fügen

Neben lösbar und unlösbar unterscheidet man nach der Form des Zusammenschlusses kraftschlüssig, formschlüssig und stoffschlüssig.

Kraftschlüssig

Beim kraftschlüssigen Fügen werden Kräfte und Drehmomente durch Reibungskräfte übertragen, die durch das Aufeinanderpressen von Bauteilen entstehen.

- Schraubenverbindungen,
- Kegelverbindungen,
- Klemmverbindungen.

Formschlüssig

Beim formschlüssigen Fügen sind die Werkstücke durch ineinander passende Formen miteinander verbunden.

- Passfederverbindungen,
- Stiftverbindungen,
- Keilwellenverbindungen,
- Bolzenverbindungen.

Stoffschlüssig

Beim stoffschlüssigen Fügen werden die Werkstücke durch Kohäsions- und Adhäsionskräfte zusammengehalten (Kohäsion ist die Bindungskraft, Adhäsion ist die Anhangskraft).

- Lötverbindungen,
- Schweißverbindungen,
- Klebeverbindungen.

Lösbare Verbindungen durch Schrauben

Metallverbindungen mit Schrauben sind schnell hergestellt und dauerhaft, aber ohne großen Aufwand wieder lösbar. Hat keines der zu verbinden Teile ein Gewinde, muss mit Schraube und Mutter gearbeitet werden.

Um das Lockern von Schraubverbindungen zu vermeiden, werden Schraubensicherungen verwendet. Hierzu benutzt man Federringe, Federscheiben oder Zahnscheiben. Schrauben unterscheiden sich vor allem durch den Schraubenkopf, durch das benutzte Gewinde, die Ausführung des Bolzenendes und die Festigkeit.

Links: Je nach Werkstück werden verschiedene Muttern verwendet

Rechts: Schraubensicherungen

Links: Verschiedene Schraubenköpfe für unterschiedliche Anwendungen

Rechts: Die Festigkeitsklasse ist am Schraubenkopf eingraviert

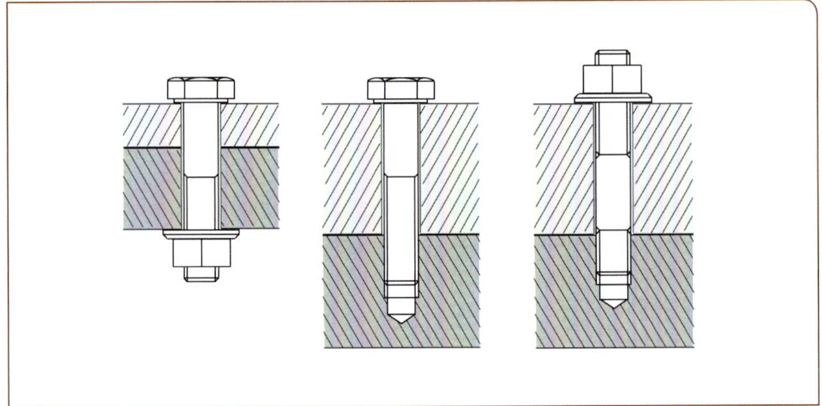

Durchsteckschraube, Einziehschraube, Stiftschraube

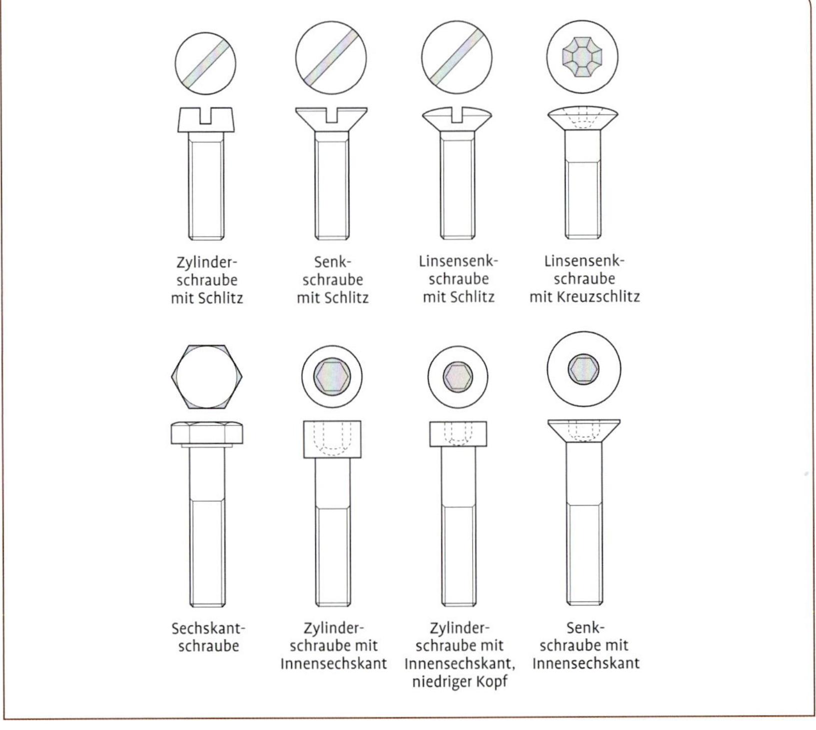

Für jede Schraubverbindung die entsprechenden Schrauben wählen

Tab. 4 Festigkeitsklassen von Schrauben

Festigkeitsklasse	**3.6**	**4.6**	**4.8**	**5.6**	**5.8**	**6.8**	**8.8**	**9.8**	**10.9**	**12.9**
Zugfestigkeit (R_m) in N/mm²	300	400	400	500	500	600	800	900	1000	1200
Streckgrenze (R_e) in N/mm²	180	240	320	300	400	480	640	720	900	1080

Zugfestigkeit (R_m) in N/mm² = erste Zahl der Festigkeitsklasse × 100;
Streckgrenze (R_e) in N/mm² = Produkt beider Ziffern der Festigkeitsklasse × 10.
Die Festigkeit ist der mechanische Widerstand, den eine Schraube einer Belastung entgegensetzt. Je größer die Belastung, desto größer sollte die Festigkeitsklasse sein.
Die Klassen 3.6 bis 5.8 sollten nur bei wenig belasteten Verbindungen eingesetzt werden.

Nicht lösbare Verbindungen durch Nieten

Durch Nieten können Bauelemente aus gleichen und unterschiedlichen Materialien verbunden werden. Nur Schweißverbindungen sind fester und belastbarer. Nietverbindungen sind nur lösbar, wenn der Niet zerstört wird.

Man unterscheidet zwischen Kaltnietung, Warmnietung und Blindnietung. Da bei der Warmnietung Stahlnieten von mehr als 10 mm Durchmesser verarbeitet werden, wollen wir hier nicht näher darauf eingehen. Nieten bis zu einem Durchmesser von 10 mm gibt es aus Stahl, Kupfer, Messing, Aluminium und verschiedenen Legierungen. Um Korrosion zu vermeiden, sollte der Niet aus dem gleichen Material sein, wie die zu fügenden Bauteile.

Um eine Nietverbindung herzustellen, müssen beide Seiten des Werkstückes zugänglich sein, da mit dem Setzeisen gegengehalten werden muss.

Für eine Kaltnietverbindung brauchen Sie:

- Schraubstock,
- Nietzieher,
- Kopfsetzer (Nietzieher und Kopfsetzer bestehen häufig aus einem Stück),
- Setzeisen.

Zuerst werden beide Werkstücke gleichzeitig durchbohrt und die Bohrlöcher entgratet (das geht mit dem Kegelsenker oder einem speziellen einschnittigen Entgrater). Dann den Niet von unten durch die Löcher stecken. Der Niet sollte etwas länger sein als das Werkstück dick ist.

Beispiel für die Herstellung einer Nietverbindung

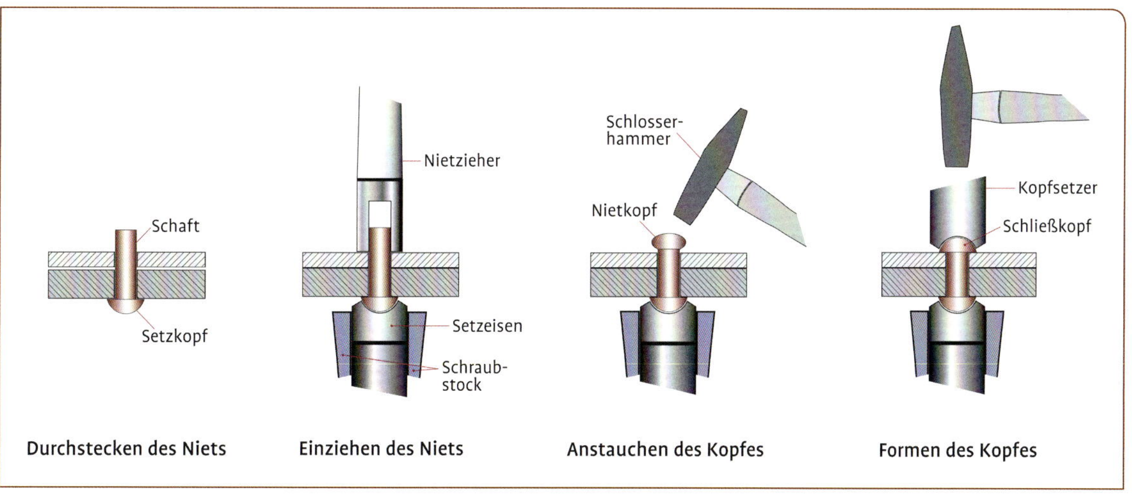

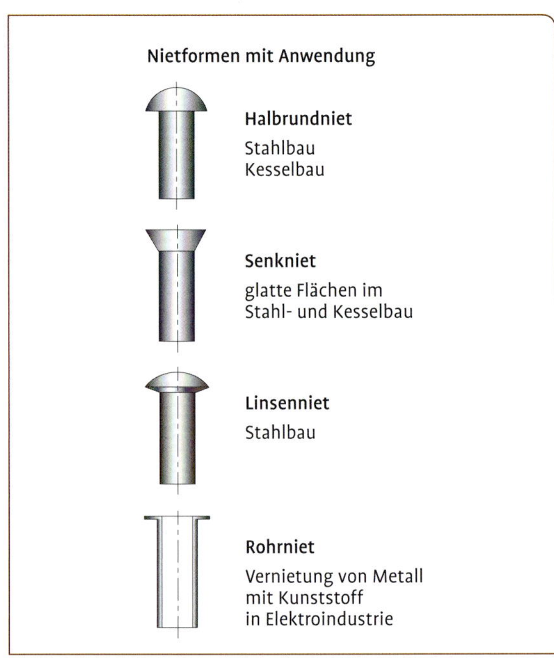

Links: Nietköpfe und -stifte

Rechts: Verschiedene gebräuchliche Nietformen

Die fest zusammengezwängten Werkstücke werden mit dem Nietkopf nach unten auf das Setzeisen gelegt. Das Setzeisen muss fest in einem Schraubstock eingespannt sein, gegebenenfalls Zulagen aus Hartholz verwenden.

Dann wird mit dem Nietzieher gestaucht. Anschließend schlagen Sie den Nietkopf mit dem Schlosserhammer ringsum mit leichten Schlägen an. Mit dem Kopfsetzer wird der Schließkopf in seine endgültige Form gebracht. Er wird senkrecht angesetzt und kräftig angeschlagen.

Nieten unterscheiden sich durch die Form des Setzkopfes und die Ausführung des Schaftes. Im Allgemeinen sind sie genormt. Zum Verbinden von dünnwandigen Werkstücken oder solchen, die nur einseitig zugänglich sind, verwendet man Blindnieten.

Zum Blindnieten brauchen Sie:

- Blindnietenzange mit auswechselbaren Kopfstücken,
- entsprechende Blindniete.

Herstellung einer Blindnietverbindung

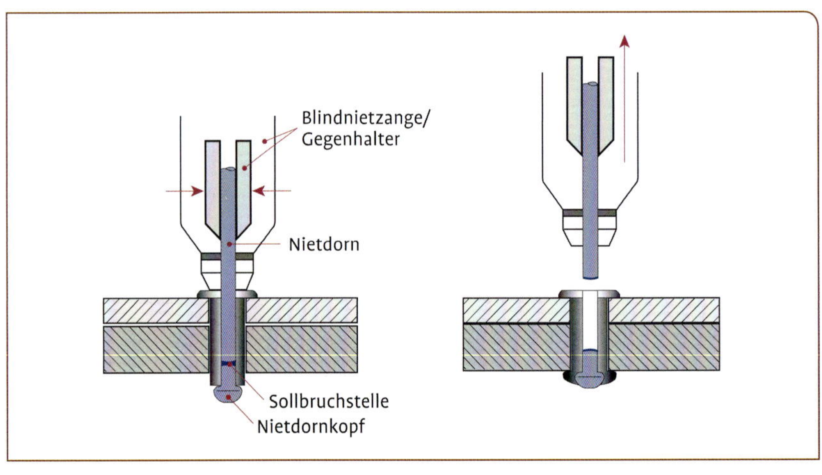

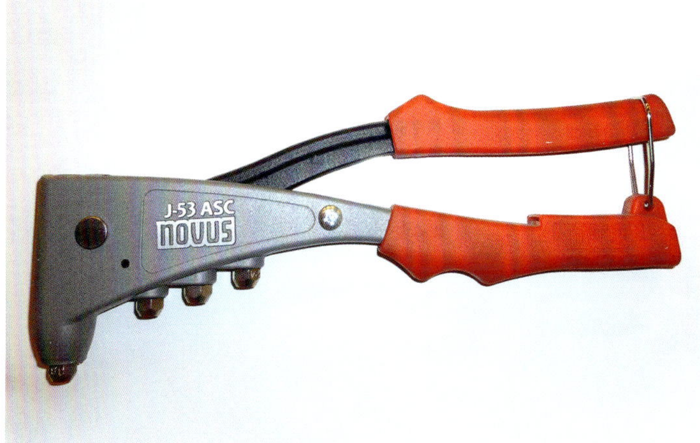

Links: *Blindniete gibt es in verschiedenen Größen*

Rechts: *Zange zum Blindnieten*

Vorgehensweise:
Loch bohren, Niet durchstecken, Zange gerade ansetzen und mit gleichmäßigem Druck zuziehen. Ist der Stift durchgezogen, reißt er an der Sollbruchstelle ab. Einfacher geht's nicht.
Sollte ein Niet misslungen sein, kein Problem. Niet ausbohren und einen etwas größeren einsetzten (gleich beim Einkauf berücksichtigen, man weiß ja nie).

Wissenswertes

- Der gesamte Eifelturm wurde nur mit Nieten zusammengefügt. Insgesamt ca. 2,5 Millionen Niete halten seine Bauteile zusammen.
- Der Blindniet wird umgangssprachlich auch POP-Niet genannt, was von der Marke POP des ersten Herstellers Emhart Teknologies herrührt.

Nicht lösbare Verbindungen durch Löten

Das Löten eignet sich sehr gut als Einstieg, bevor man sich an das Schweißen heranwagt.

Man kann verschiedene Teile aus Stahl sowohl durch Hartlöten als auch durch Weichlöten miteinander verbinden. Hartgelötete Teile sind stabiler als weichgelötete – allerdings immer noch nicht so belastbar wie verschweißte Teile.

Zum Löten brauchen Sie:

- Flussmittel,
- Hartlot oder Weichlot,
- Gasbrenner oder Lötkolben/-pistole mit mindestens 50 Watt (niedriger ist nur für elektronische Arbeiten geeignet),
- Lötspitzen-Reiniger oder feuchten Schwamm.

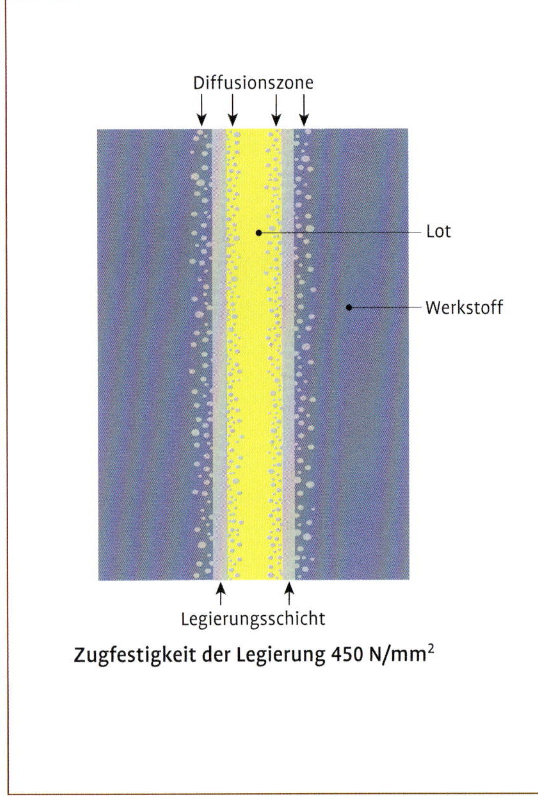

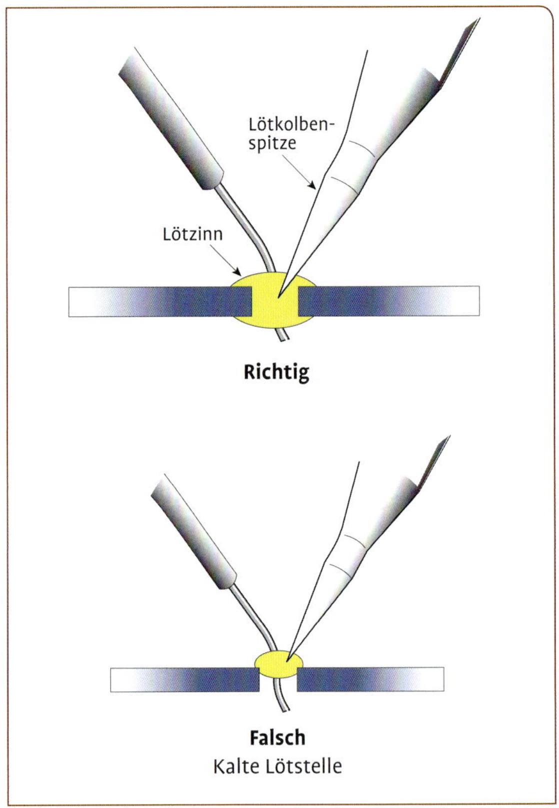

Links: Beim Löten entsteht eine dünne Legierungsschicht an der Lötnaht

Rechts: Zur Vermeidung einer „kalten" Lötstelle müssen alle zu verbindenden Teile gut mit dem Lot benetzt werden

Das Weichlöten

Beim Lötvorgang werden die entsprechenden Metallteile mit dem Lötkolben erhitzt. Die Schmelztemperatur des Lotes ist niedriger als die der Werkstücke. Letztere werden also mit dem flüssigen Lot benetzt und durch sein Erstarren verbunden. Das Lot stellt nach dem Erkalten eine zuverlässige mechanische Verbindung zwischen den Metallteilen her. Die Metallteile selbst werden, nicht wie beim Schweißen, thermisch angeschmolzen, allerdings entsteht an den Grenzschichten eine sehr dünne Legierungsschicht (eine „Lösung" der Metalle) mit dem Lot. Löten ist also nicht mit einer Klebeverbindung zu vergleichen.

Die größte Schwierigkeit für Anfänger ist das richtige Einschätzen der Temperatur der Lötstelle. Ist sie zu niedrig, kann es passieren, dass zwar Zinn fließt, es aber nicht zur schlüssigen Verbindung zwischen Lot und Lötstelle, sondern zur instabilen „kalten Lötstelle" kommt. Achten Sie darum sehr sorgfältig darauf, dass alle Teile wirklich vom Lot benetzt werden.

Einfacher geht es natürlich mit einem regelbaren Lötkolben, der eine stufenlose Einstellung der Temperatur von 150 bis 450 °C ermöglicht, je nach Gerät. Eine digitale Temperaturanzeige ist zwar nicht nötig, gibt aber zusätzlich Sicherheit.

Das Weichlöten erfolgt bei Temperaturen unter 450 °C, vom Hartlöten wird gesprochen, wenn die Arbeitstemperatur des Lotes über 450 °C liegt. Das Lot schmilzt bereits ab 180 °C.

Wichtig ist auch eine sichere Ablage für den heißen Lötkolben, bei den meisten „Stationen" ist sie dabei, ebenso wie ein Reinigungsschwamm. Ob Sie sich für einen elektrischen Lötkolben oder eine Lötpistole entscheiden, ist letztlich eine Kostenfrage. Lötpistolen bieten vor allem den Vorteil, dass die nötige Löttemperatur schneller erreicht wird.

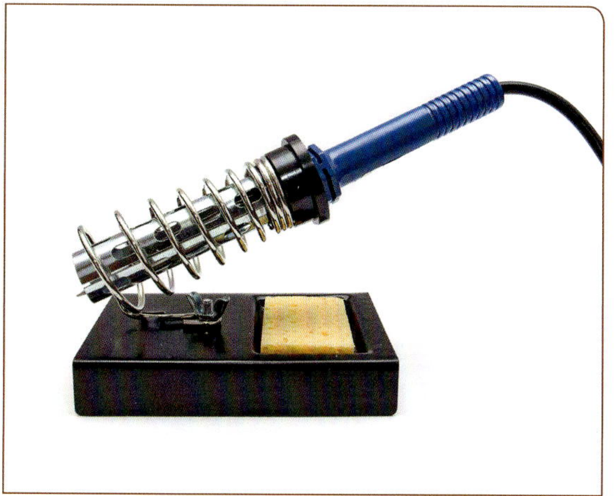

Links: Lötkolben mit entsprechender Halterung

Rechts: Eine Lötpistole heizt sich schneller auf als ein Lötkolben

Für beide gilt: Vor dem (erneuten) Lötvorgang Lötspitze reinigen und verzinnen. Beim Löten wird das Zinn mit der Kolbenspitze über die Naht gezogen und dazu muss der Kolben genügend Lötzinn aufnehmen können. Das Zinn haftet aber nur dann zufriedenstellend an der Kolbenspitze, wenn diese vorher verzinnt wurde. Am einfachsten geht das mit sogenannten Lötspitzenreinigern, die es gebrauchsfertig in Döschen im Fachhandel gibt. Hierbei wird die Lötspitze auch gleich verzinnt. Ansonsten: Kolben mit feuchtem Schwamm reinigen und mit einem Tropfen Lötzinn verzinnen.

Bitte nicht mit der Spitze auf einem Salmiakstein herumreiben oder gar feilen, das kann die heute übliche Beschichtung ruinieren. Salmiaksteine benutzt man nur noch bei rohen Lötspitzen aus Kupfer, mit denen man zum Beispiel Regenrinnen lötet.

Wichtig ist, dass die Spitzen fest sitzen, sich aber problemlos auswechseln lassen, denn sie müssen auf die jeweiligen Arbeiten abgestimmt sein. Wer größere

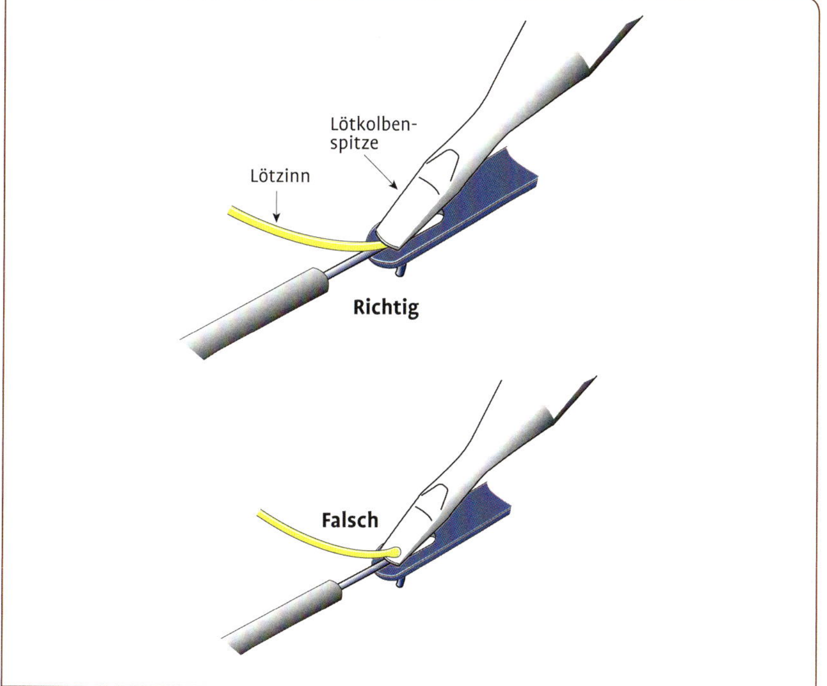

Das Lötzinn gehört auf die Werkstückoberfläche, nicht auf die Kolbenspitze

Werkstücke zusammenfügen möchte, wählt dementsprechend eine breitere Lötspitze und eine höhere Leistung des Lötgerätes.

Wichtigste Voraussetzung für eine haltbare Naht ist die absolute Sauberkeit der Lötstelle. Die betreffenden Stellen werden mit Stahlwolle oder Schmirgelleinen und Alkohol gereinigt. Dann wird mit einem Pinsel etwas Flussmittel aufgetragen.

Es gibt allerdings auch Lote, die dieses bereits enthalten – bei Weichloten üblicherweise in Hohlkammern, bei Hartloten als äußere, zu Unterscheidungszwecken oft eingefärbte, Umhüllung. Das Flussmittel hilft, Sauerstoff von der Oberfläche fern zu halten und ätzt sie leicht an. Das Lot kann dann eine schlüssigere Verbindung mit der Metalloberfläche eingehen.

Nach dem Löten sollte die Naht mit einem feuchten Tuch gereinigt werden, da die aggressiven Substanzen des Flussmittels sonst den Stahl angreifen könnten. Zum Weichlöten brauchen Sie Weichlot, das umgangssprachlich auch Lötzinn genannt wird. Der Lötkolben wird so an die Lötteile gehalten, dass sie sich gleichmäßig erwärmen. Nicht zu heiß, damit das Lot nicht verbrennt, aber heiß genug, um das Metall im Bereich der Naht gut zu erhitzen, damit das Lot satt in die Lötstelle fließt. Halten Sie das Lötzinn dicht über die Nahtstelle der zu verbindenden Teile und lassen es mittels Lötkolben so abtropfen, dass es in die Naht läuft. Zwischen den beiden Werkstücken sollte der Abstand maximal 0,3 mm betragen. Nach dem Lötvorgang darf das Werkstück nicht bewegt werden, bis das Lot erstarrt ist, was allerdings relativ schnell geht.

Das Hartlöten

Zum Hartlöten brauchen Sie einen Gasbrenner und Hartlot. Das Hartlot ist ein „Draht", der aus einer Kupfer- oder Messinglegierung besteht. Die Vorbereitung der Werkstücke ist die gleiche, wie beim Weichlöten, auch hier ist Sauberkeit das Wichtigste.

Dann wird die Nahtstelle der beiden Werkstücke mit dem Gasbrenner erhitzt, dabei darf der Stahl nicht zu glühen beginnen. Die beste Arbeitstemperatur liegt bei etwa 700 °C. Nach dem Erreichen der erforderlichen Temperatur führt man den Lötdraht über die Naht, sodass das flüssige Material hinein fließen kann. Auf diese Weise entsteht eine Legierung zwischen dem Metall und dem Hartlot.

Natürlich kann diese Tabelle der Glühfarben nur einen groben Anhaltspunkt für den ungefähren Temperaturbereich wiedergeben

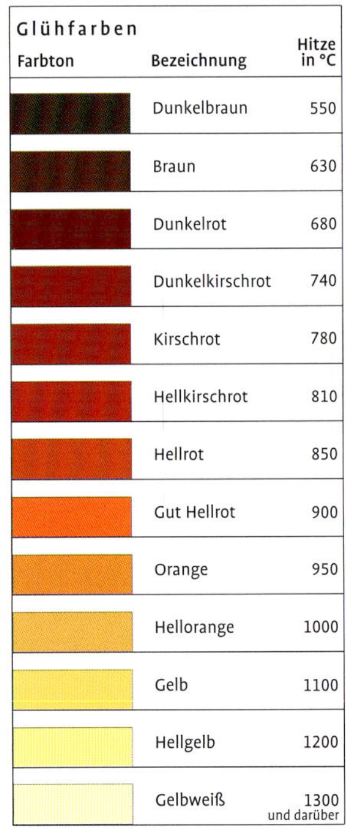

Glühfarben

Farbton	Bezeichnung	Hitze in °C
	Dunkelbraun	550
	Braun	630
	Dunkelrot	680
	Dunkelkirschrot	740
	Kirschrot	780
	Hellkirschrot	810
	Hellrot	850
	Gut Hellrot	900
	Orange	950
	Hellorange	1000
	Gelb	1100
	Hellgelb	1200
	Gelbweiß	1300 und darüber

Hartlöten hat im Vergleich zum Schweißen den Vorteil, dass auch unterschiedliche Metalle haltbar miteinander verbunden werden können. Gut hartlötbar sind Stahl und Stahllegierungen, Nickel und Nickellegierungen, Buntmetalle sowie seine Legierungen mit- und untereinander. Eisen-Gusswerkstoffe eignen sich weniger gut und wenn, dann nur mit speziellen Loten. Leichtmetalle können nur untereinander hartgelötet werden. Beim Hartlöten von Leichtmetallen liegt die Arbeitstemperatur etwa 50 °C unter der Schmelztemperatur von Aluminium, es ist also Vorsicht und etwas Übung angesagt.

Die Ausgestaltung von Lötverbindungen

Bei der Gestaltung von Lötverbindungen müssen Sie berücksichtigen, dass die Lote meistens eine geringere Festigkeit haben als die verbundenen Werkstoffe. Die Verbindung sollte möglichst nicht auf Zug und keinesfalls auf Schälung belastet werden – in diesen Fällen eine andere Verbindungstechnik (z. B. Schweißen) wählen. Mit einer einfachen Stumpfnaht sollten Bauteile nur durch Hartlöten verbunden werden (auf die Belastung achten).

Überlappungen sind für alle Lötverbindungen am günstigsten. Wenn Sie noch ein Übriges tun wollen, dann sichern Sie die Lötstelle zusätzlich durch eine formschlüssige Verbindung; siehe Abbildung „Überlappende Lötverbindungen", Seite 35 unten.

Brennerflamme beim Hartlöten

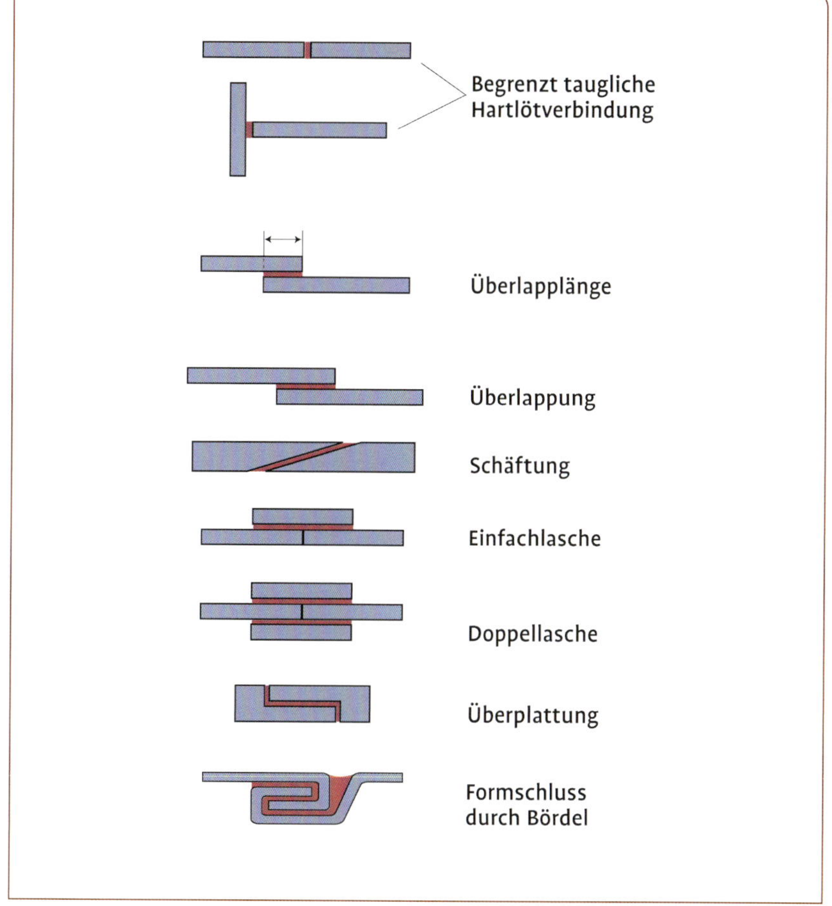

Überlappende Lötverbindungen sind haltbarer

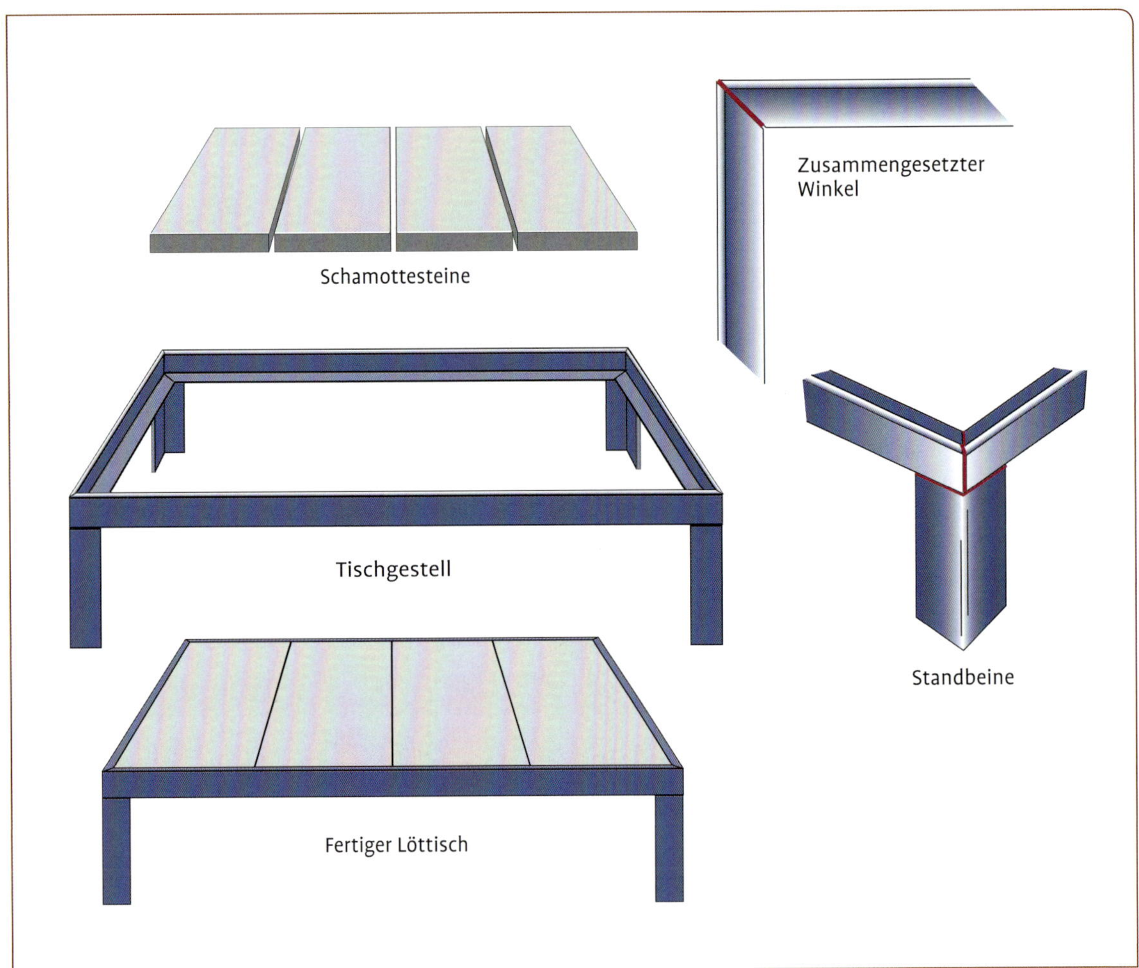

Ein Löttisch als praktische Arbeitsunterlage

Eine Unterlage zum Löten

Eine feuerfeste Unterlage zum Löten können Sie selber bauen. Sie benötigen drei bis vier Schamottesteine – danach richtet sich die Größe des Gestells. Das Gestell besteht aus stabilen Baustahl-Winkelprofilen, die Sie mit der Flex gut zuschneiden können.

Legen Sie die Schamottesteine eng nebeneinander und schneiden Sie die Winkeleisen entsprechend auf Gehrung zu. Passend zusammenfügen und hartlöten oder schweißen. Schneiden Sie kurze Standbeine (je nachdem wir hoch die Arbeitsfläche ist) aus den gleichen Winkelprofilen zu. Sie werden außen bündig unter die Ecken des Tisches gelötet.

Nicht lösbare Verbindungen durch Schweißen

Unter Schweißen versteht man das unlösbare Verbinden von Bauteilen unter Anwendung von Wärme und/oder Druck, mit Schweißzusatzwerkstoffen gegebenenfalls auch ohne diese.

Im Folgenden lernen Sie die Grundbegriffe und die Anleitung für die gebräuchlichsten Schweißverfahren: Elektrodenschweißen und Schutzgasschweißen.

Handelsformen des Stahls

Stahl bezieht man als sogenanntes Halbzeug. Durch Walzen, Ziehen oder Strangpressen werden unterschiedlichste genormte Formen angeboten:

- Form-Profile (U-Profile, T-Profile, I-Profile),
- Stabmaterial (rechteckig und rund),
- Hohlprofile (Rohre, rund und eckig),
- Bänder und Bleche, darunter auch Feinbleche (< 0,5 mm),
- Drähte.

Baustahl gibt es in den unterschiedlichsten Profilen

Schweißen – ein heißes Eisen: Grundlegendes

Bevor Sie mit den ersten Schweißversuchen beginnen, müssen Sie einige Hinweise beachten, die Ihre Sicherheit am Arbeitsplatz betreffen. Ganz gleich, ob Sie beruflich oder hobbymäßig schweißen, achten Sie bitte penibel auf alle Sicherheitsvorkehrungen! Schließlich möchte niemand in einer Unfallstatistik unter „menschliches Versagen" erscheinen.

Beim Schweißen gibt es ziemlich viele Möglichkeiten, wie Sie zu Schaden kommen können: Sie können sich verbrennen, einen elektrischen Schlag bekommen, sich an den Schweißrauchen vergiften, am Schutzgas ersticken, die Augen blenden und die Haut durch UV-Strahlen verbrennen. Im schlimmsten Fall können Sie sich in die Luft sprengen, wenn allzu arglos mit Gasflaschen umgegangen wird.

Hört sich drastisch an? Soll es ehrlich gesagt auch, denn die Sicherheitsvorkehrungen sollten wirklich ernst genommen und die Gefahren und Risiken auf keinen Fall unterschätzt werden. Ein kleiner Moment der Unachtsamkeit kann ausreichen, um ernsthafte Schäden zu verursachen.

Die Ausstattung des Arbeitsplatzes

Ein Kellerraum mag sich für eine Hobbywerkstatt eignen, zum Schweißen allerdings nicht. Beim Schweißen entstehen gesundheitsschädliche Gase, Dämpfe und Rauch.

- Arbeiten Sie darum ausschließlich in einem gut belüfteten Raum oder, wenn möglich, im Freien. Auch eine geöffnete Garage ist geeignet (wenn nicht gerade ein Fahrzeug darin parkt). So werden die entstehenden Schadstoffe immer wieder durch die Zufuhr frischer Luft „verdünnt" und es sind kaum Gesundheitsschäden zu befürchten.
- Sollte dies nicht möglich sein, müssen Sie eine Absaugung anbringen (ähnlich zum Beispiel einer Dunstabzugshaube in der Küche, mit Anschluss nach draußen).
- Falls andere Personen diesen Raum mit benutzen, sollten Sie den Arbeitsplatz durch einen Sichtschutz abschirmen, damit niemand aus Versehen in den Lichtbogen sehen und geblendet werden kann.
- Der gesamte Bereich um den Arbeitsplatz sollte feuerfest sein. Hin und wieder fliegen auch glühende Schweißperlen und Schlackespritzer durch die Werkstatt. Darum sollten niemals Papierreste, leere Kartons, Lösungsmittel, Benzin, Holz sowie anderes leicht entflammbares Material im Arbeitsbereich lagern.
- Stellen Sie immer einen Eimer Wasser bereit, noch besser wäre ein kleiner Feuerlöscher für den Notfall.
- Der ausrangierte Esstisch eignet sich nur dann zur Werkbank, wenn er eher für eine Rittertafel gemacht wurde, also sehr stabil ist. Immerhin sollte eine ca. 5 bis 10 mm dicke Stahlplatte oben aufgelegt (je dicker, desto besser) und ein Schraubstock stabil angebracht werden können. Im Anhang geben wir Ihnen eine Anlei-

Achtung: Beim Schweißen geht es heiß her!

tung zum Selberbauen eines Schweißtisches, denn gute Schweißtische sind teuer und auch gebraucht selten wirklich günstig zu erwerben.

- Für den Elektrodenhalter des Schweißgerätes brauchen Sie eine isolierte Vorrichtung direkt am Schweißtisch, in die er nach Gebrauch eingehängt werden kann. Für die Stabelektroden sollte direkt am Arbeitsplatz eine Ablage oder besser ein Behälter vorgesehen werden.

Beim Elektroschweißen mit Elektroden können Sie problemlos draußen schweißen – also auch auf Baustellen. Mit Schutzgas ist das in der Regel nicht möglich, da Wind das Gas von der Schweißstelle wegblasen könnte.

Die nötige Schutzkleidung

Sie brauchen immer:

- feste Kleidung aus Baumwolle oder Leinen (kein Synthetik),
- feste Schuhe,
- Lederhandschuhe,
- Schweißhelm oder Handschild.

Zu Ihrer eigenen Sicherheit tragen Sie immer vollständig abdeckende, trockene Bekleidung, zum Beispiel aus fester Baumwolle. Sie sollte schmal anliegen, damit Sie sich nirgendwo verfangen oder hängen bleiben können und Hosen sollten keine Aufschläge haben. Synthetikmaterial ist ungeeignet, da es Feuer fangen oder auf der Haut schmelzen könnte.

Bewährt haben sich robuste Lederschürzen, die den Körper noch zusätzlich schützen.

Feste Schuhe mit Baumwoll- oder Wollsocken sind ein Muss, schließlich soll kein glühender Schlackespritzer den Weg über Ihre offenen Sandalen auf die Haut finden.

Ein Muss sind auch die speziellen Schweißerhandschuhe aus Leder, welche die Haut vor Verbrennungen durch Schlackespritzer und die entstehende UV-Strahlung schützen.

Das Gesicht und vor allem die Augen müssen wirksam geschützt werden. Beim Lichtbogenschweißen entstehen UV-Strahlen die bei direkter Einwirkung zur Schädigung der Netzhaut führen können. Schon ein kurzer Blick in den Lichtbogen ohne Sichtschutz kann zum „Verblitzen" der Augen führen. Es reicht aber auch nicht, nur eine Schutzbrille zu tragen, die Gesichtshaut wäre weiterhin den intensiven UV-Strahlen ausgesetzt, die beim Schweißvorgang entstehen. Der Schutzschild schützt damit auch die Gesichtshaut vor Verbrennungen.

Ob ein Handschild oder ein Helm verwendet wird, ist vor allem eine Kostenfrage. Ein Handschild ist zwar günstiger, muss aber die ganze Zeit gehalten werden. Ein Schweißhelm wird oft als etwas gewöhnungsbedürftig empfunden, ermöglicht aber ein beidhändiges Arbeiten. Besonders komfortabel – aber auch teurer – sind die sogenannten Automatikhelme: Man sieht, wo man ansetzt und erst wenn der Funke zündet, verdunkelt sich das Visier innerhalb von zwei- bis dreitausendstel Sekunden.

Die beste Schutzkleidung taugt nichts, wenn sie nicht getragen wird

Allgemeine Hinweise

Strom kann schon in geringen Stärken zu einer echten Gefahr werden. Kontrollieren Sie daher regelmäßig Kabel, Zuleitungen und Anschlüsse auf Funktion und Sicherheit.

- Defekte Kabel austauschen, nicht mit Isolierband „reparieren".
- Vermeiden Sie die Berührung spannungsführender Teile.
- Lassen Sie den Elektrodenhalter nie mit eingesetzter Elektrode herumliegen.
- Schalten Sie das Gerät umgehend aus, wenn Sie mit der Arbeit fertig sind oder eine Pause machen.

Bitte nie vergessen:

- Um den nötigen Lichtbogen zu erzeugen, werden sehr hohe Stromstärken benötigt. Noch bevor Sie das Schweißgerät einschalten, kontrollieren Sie daher immer, ob die Masseklemme sicher (!) am Werkstück befestigt ist. Das unsachgemäße Anbringen der Klemme kann lebensgefährlich werden! Fällt sie zum Beispiel ab, wird sich der Schweißstrom einen Weg über die Arbeitsumgebung suchen – und zufällig im Weg stehende Menschen sind recht empfindlich gegen Stromstöße.
- Alle Schmuckstücke und Uhren sind vor Arbeitsbeginn abzulegen.

Benötigtes Werkzeug zum Schweißen

Neben der Schutzkleidung und natürlich einem Schweißgerät benötigen Sie zum Elektrodenschweißen noch folgende Werkzeuge:

Schweißzangen

Die Werkstücke werden beim Schweißen sehr heiß. Das Halten oder Bewegen sollte daher immer nur mit entsprechenden Zangen erfolgen.

Trotz Handschuhen die Werkstücke nur mit Schweißzangen bewegen

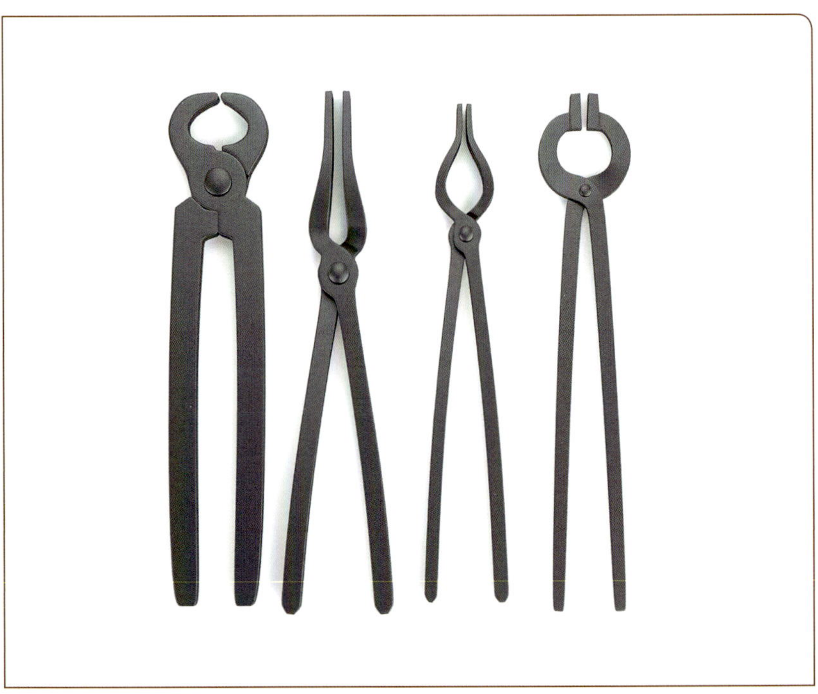

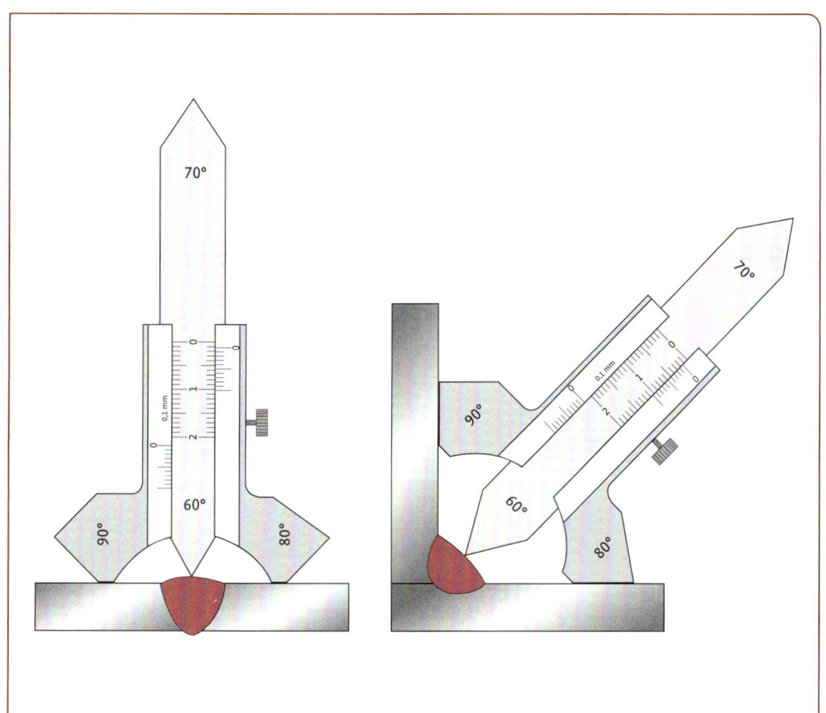

Die Schweißnahtlehre liefert genaue Winkelangaben

Drahtbürste

Die Nahtbereiche der zu schweißenden Werkstücke müssen vor dem Schweißen gründlich von Rost, Schmutz und Farbresten gereinigt werden. Dafür ist die Drahtbürste bestens geeignet. Nach dem Schweißen kann sie auch zur Entfernung von Schlackeresten und Schweißspritzern genutzt werden.

Schlackehammer

Nach dem Schweißen muss die Schlackeschicht über der Schweißnaht abgeschlagen und Schweißspritzer müssen entfernt werden. Das geht am besten mit einem speziellen Schlackehammer.

Schweißnahtlehren

Nicht zwingend erforderlich aber sehr nützlich, wenn bestimmte Werte eingehalten werden müssen: die Schweißnahtlehre. Sie ermöglicht es, die Winkel in den Nahtfugen, die Dicke der Schweißnaht und Nahtüberhöhungen exakt zu messen.

Schweißwinkel

Sollen zwei Bleche rechtwinklig miteinander verbunden werden, sind magnetische Schweißwinkel eine echte Hilfe. Je nach Aufgabe, sollten Sie mehrere zur Verfügung haben.
Übrigens: Schraubzwingen in verschiedenen Längen und Größen können Sie gar nicht genug haben.

Alle Werkzeuge müssen gut erreichbar sein und sollten vor Arbeitsbeginn bereitgelegt werden.

Das Schweißen mit Baustahl

Wie eingangs schon beschrieben, sind Baustähle besonders gut zum Schweißen geeignet, da sie nur einen geringen Kohlenstoffanteil haben. Vor allem in den Anfängen sollten Sie sich also auf dieses leichter zu verarbeitende Material beschränken. Mit fortschreitender Übung und Kenntnis können Sie sich dann auch an andere Stähle und Nichteisenmetalle (NE-Metalle) heranwagen.

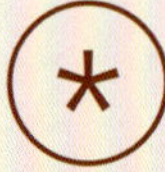

Wissenswertes

Beim Schweißen wird der Werkstoff örtlich zum Schweißgut aufgeschmolzen (bestehend aus dem Grundwerkstoff und gegebenenfalls aus dem Zusatzstoff). Dabei entstehen Temperaturen bis zu 2000 °C und diese Temperatur hat auch Einfluss auf benachbarte Bereiche. Es kommt in dieser Wärmeeinflusszone (WEZ) zu Gefügeänderungen. Das größte Problem ist dabei die Neigung zum Aufhärten des Stahls in der WEZ. Je größer der Kohlenstoffgehalt, desto spröder wird der Nahtbereich. Darum ist der Kohlenstoffgehalt in schweißgeeigneten Stählen auf unter 0,25 % begrenzt.

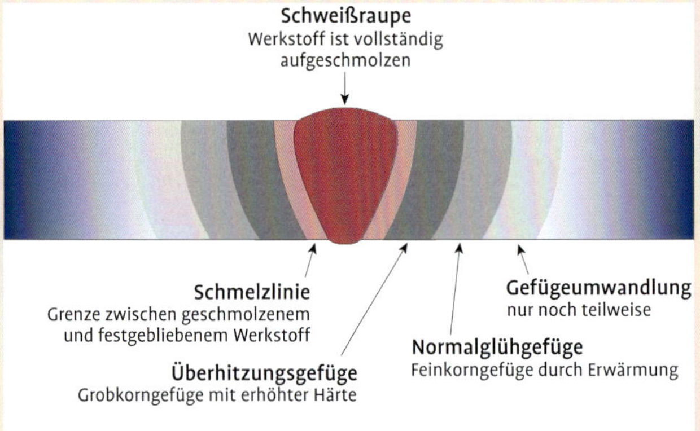

Beim Schweißen werden verschiedene Verfahren unterschieden.

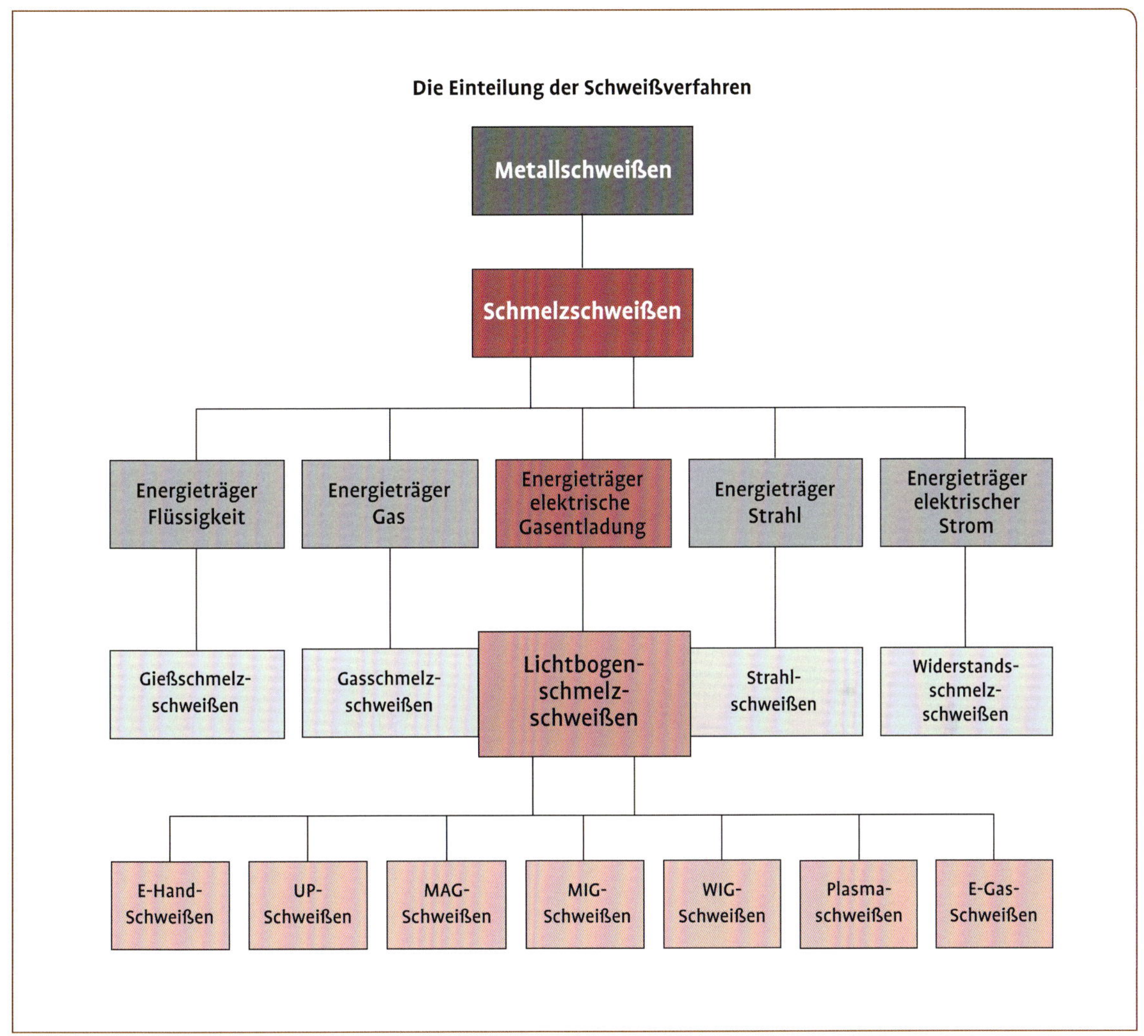

Schweißverfahren

Das Elektroden-Handschweißen

Das Elektroden-Schweißen (abgekürzt auch E-Schweißen) ist grundsätzlich nicht schwer zu erlernen, erfordert aber einige Übung und damit Ausdauer. Auch wenn Sie die Theorie, die wir Ihnen im Nachfolgenden vermitteln werden, perfekt beherrschen, werden Sie leider noch immer kein begnadeter Schweißer sein. Das lässt sich gut mit dem Autofahren vergleichen. Wenn Sie die Betriebsanleitung Ihres Wagens auswendig gelernt und die theoretische Prüfung bravourös bestanden haben, können Sie noch immer nicht Auto fahren.

Wir sagen Ihnen das nicht, um Sie schon Vorfeld zu demotivieren, sondern ganz im Gegenteil. Wir möchten Sie ermutigen „am Ball“ zu bleiben, um dadurch Ihren ganz persönlichen Nutzen aus der Schweißtechnik zu ziehen; denn Übung hat schon immer den Meister gemacht!

Wenn Ihre ersten Schweißversuche Sie eher an Bleigießen erinnern, ist das nicht ungewöhnlich. Durch diese Phase müssen viele durch. Aber seien Sie gewiss, es wird mit jeder Schweißnaht besser, vor allem, wenn Sie sich gewissenhaft durch unsere Übungen arbeiten – genau so, wie es ein „echter Azubi“ machen würde.

Beginnen Sie mit dem Üben auch möglichst nicht an dünnen Blechen, auch wenn es die relativ problemlos auf dem Schrottplatz gibt, das ist nämlich am schwierigsten. Wenn man immer wieder versehentlich Löcher in das dünne Material brennt und neben dem Bleigießen dann auch noch „Schweizer Käse“ bekommt, ist das nicht gerade motivierend. Übungsbleche sollten also mindestens 3 mm dick sein.

Die einzelnen Komponenten zum E-Schweißen

Da das Schweißen ein durchaus komplexer Vorgang ist, reicht es nicht, einfach das Schweißgerät einzuschalten und loszulegen. Die benötigten Komponenten müssen sachgerecht und passend zueinander ausgewählt werden:

- die Schweißstromquelle mit entsprechender Schweißstromkennlinie,
- die Art der Schweißelektrode (Werkstoff und Umhüllung),
- der Durchmesser der Schweißelektrode.

Im Nachfolgenden erfahren Sie hierzu alles, was Sie wissen müssen.

Die Schweißstromquelle

Die zum Schweißen benötigten Stromstärken (ca. 15 bis 500 Ampere) und die entsprechenden Spannungen (ca. 15 bis 100 Volt) können Sie nicht einfach aus der Steckdose entnehmen, sondern dafür benötigen Sie einen Transformator.

Ein Schweißtransformator ist relativ einfach aufgebaut und arbeitet wie jeder Transformator mit zwei Spulen. Beim Schweißtrafo hat allerdings die „Primärspule“ deutlich mehr Windungen als die „Sekundärspule“. Er wandelt den Wechselstrom aus der Steckdose, der eine hohe Spannung und eine niedrige Stromstärke aufweist, in einen Wechselstrom mit niedriger Spannung und hoher Stromstärke um, wie er

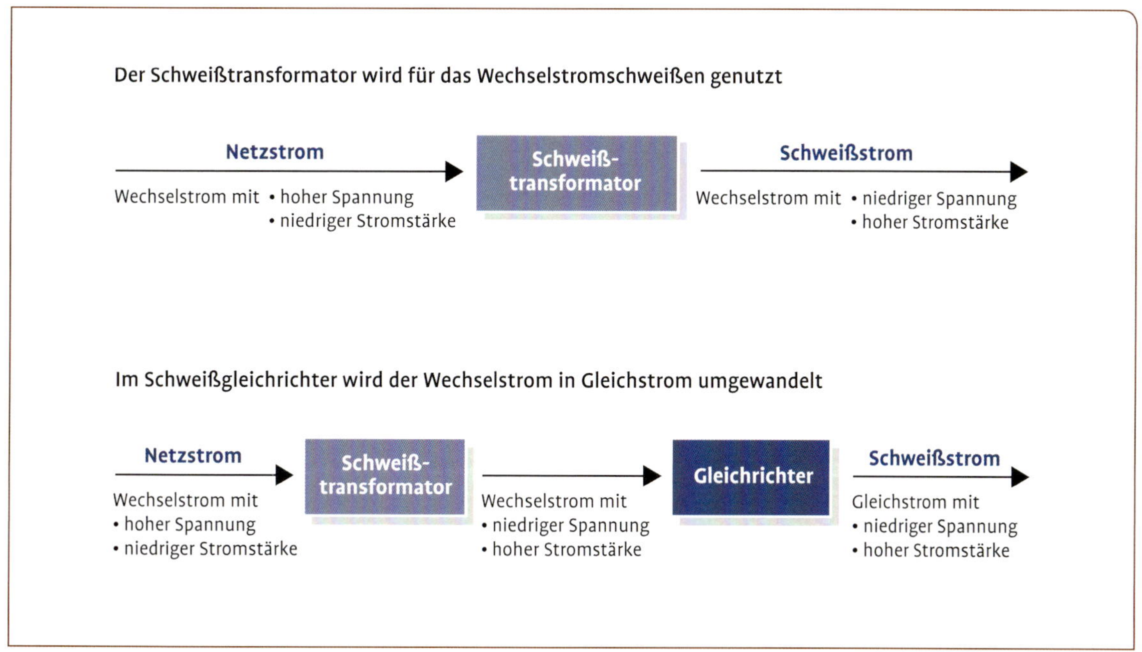

Vergleich Schweißtransformator und Schweißgleichrichter

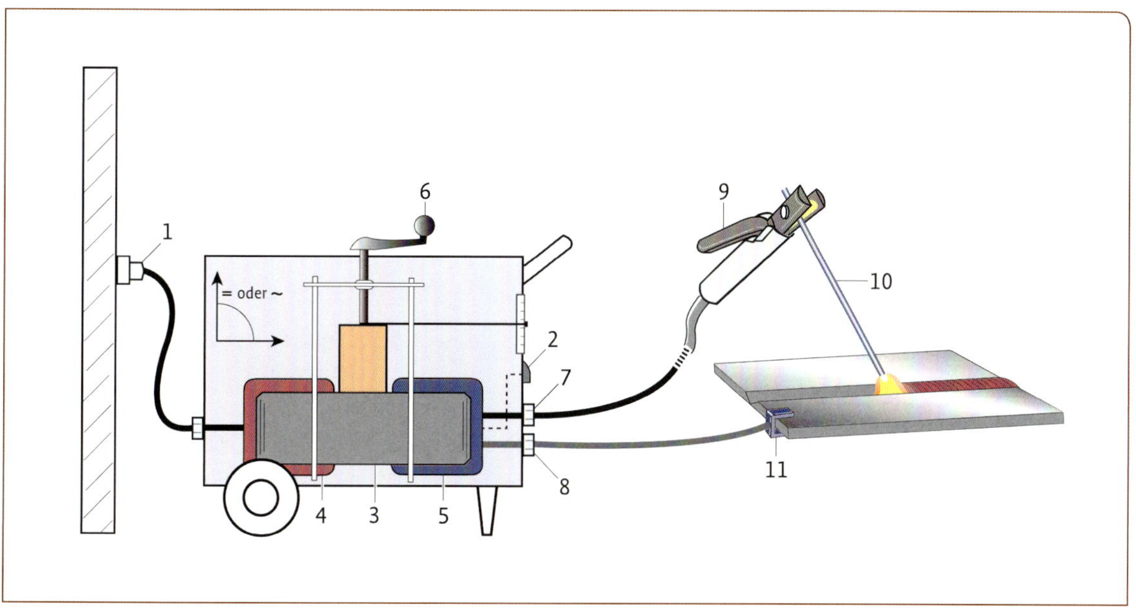

Der Aufbau eines Schweißtransformators:
1 = Netzanschluss; 2 = Ein-/Ausschalter; 3 = Transformator (einphasig), Aufgabe: Umwandeln hoher Netzspannung (V) in niedrige Schweißspannung (V), Umwandeln von niedrigem Netzstrom (A) in hohen Schweißstrom (A); 4 = Primärspule (deutlich mehr Windungen als die Sekundärspule); 5 = Sekundärspule; 6 = Einstellen des Schweißstroms mit Kurbel und Skala oder Stufenschalter und Skala; 7 = Anschlussbuchse und Schweißstromleitung; 8 = Anschlussbuchse und Schweißstromrückleitung; 9 = Stabelektrodenhalter; 10 = Stabelektrode; 11 = Werkstückklemme

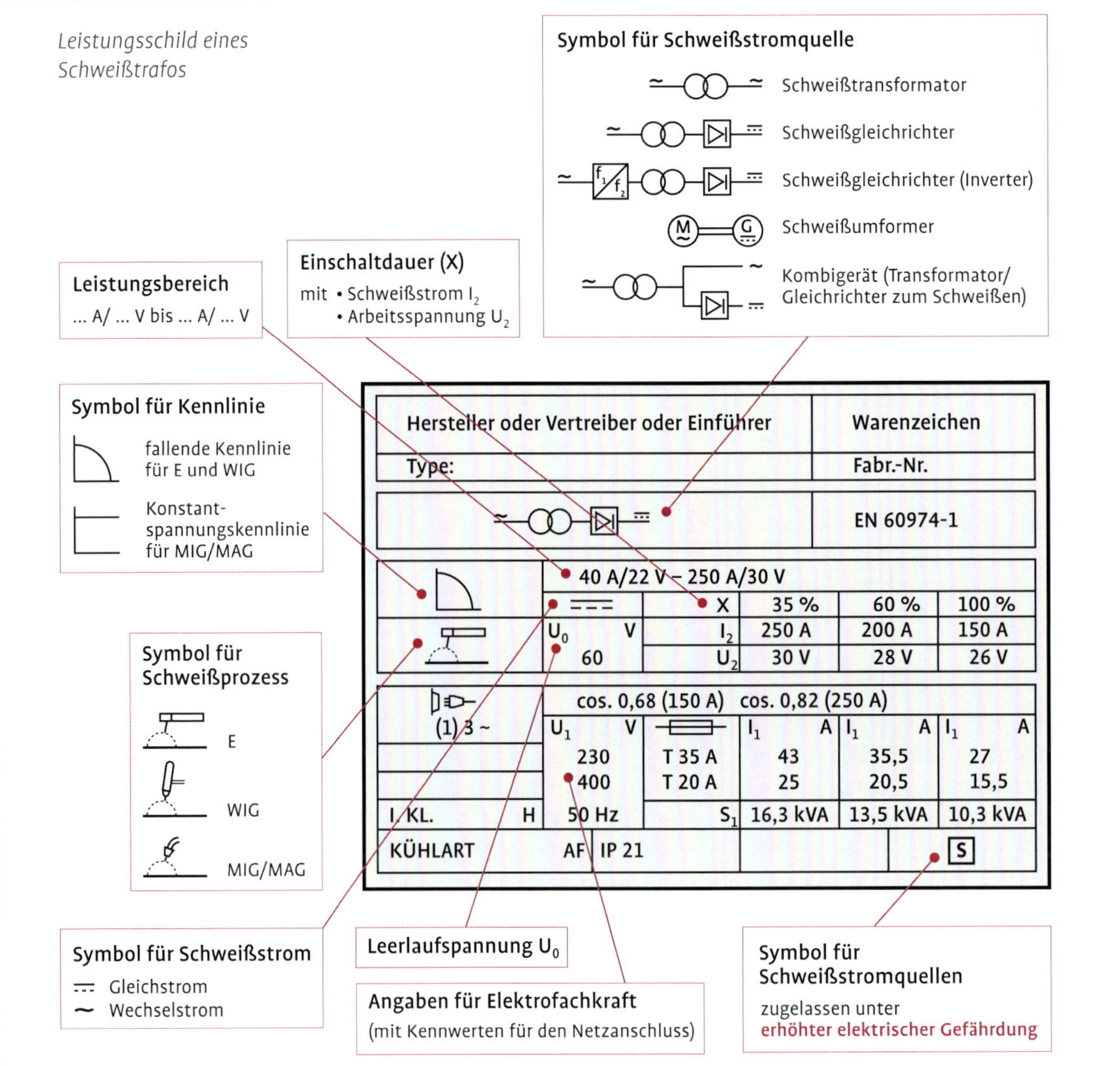

Erläuterungen zum Leistungsschild des Schweißtrafos

Einschaltdauer (ED) – Symbol X

Je nach Schweißstromstärke darf eine bestimmte Einschaltdauer (= zulässige Betriebsdauer in % je 10-Minuten-Takt) nicht überschritten werden, da sich die Schweißstromquelle sonst unzulässig stark erwärmen würde. Das heißt: Je höher der Schweißstrom, desto kürzer die ED.

Gerätesymbol Kennlinie fallend

Die Schweißstromquelle liefert den Schweißstrom in Abhängigkeit von der Schweißspannung. Stromquellen mit steil fallender Kennlinie weisen nur geringe Stromstärkenänderungen bei Änderung der Lichtbogenlänge auf. Solche Geräte eignen sich besonders zum Lichtbogenhandschweißen und zum Wolfram-Inert-Schutzgasschweißen, denn von Hand kann man den Lichtbogen nicht immer gleichmäßig lang halten.

Gerätesymbol Kennlinie konstant

Geräte mit flach fallender Kennlinie eignen sich besonders zum Metall-Schutzgasschweißen (MSG), denn bei MSG-Geräten wird die Länge des Lichtbogens automatisch geregelt (innere Regelung).

beim Schweißen benötigt wird. In vielen Geräten kann man dies in Stufen regeln. Bei der Anschaffung sollten Sie auf eine mindestens fünfstufige Regelung achten, um sich auf die jeweilige Schweißsituation einstellen zu können.

Es gibt auch Geräte mit einem nachgeschaltetem Gleichrichter, der den Strom durch mehrere Dioden nur in eine Richtung durchlässt, sodass aus dem transformierten Wechselstrom ein Gleichstrom wird. Der Lichtbogen brennt bei Gleichstrom wesentlich ruhiger, was sich positiv auf die Qualität der Schweißnaht auswirkt – und dadurch auf die eigene Motivation.

Diese vergleichsweise einfache Konstruktion hat zwei entscheidende Vorteile: die Geräte sind relativ günstig und die Wartung ist unproblematisch.

Für die ersten Versuche empfiehlt es sich, nicht gleich ein Gerät zu kaufen. In den meisten Baumärkten oder in speziellen Fachgeschäften können Sie Schweißgeräte günstig leihen. Probieren Sie, ob Ihnen das Schweißen liegt und dann ist es immer noch Zeit, ein eigenes Gerät zu erwerben.

Der Schweißstrom-Inverter

Ein Inverter-Schweißgerät unterscheidet sich in seiner Funktion nicht grundsätzlich von anderen Schweißgeräten. Wichtig ist allerdings, dass der Schweißtransformator (wenn er nicht über einen Gleichrichter verfügt) Wechselstrom am Werkstück anlegt und der Inverter immer Gleichstrom. Wie bereits erwähnt, brennt der Lichtbogen bei Gleichstrom ruhiger, was sich auf die Qualität der Schweißnaht auswirkt.

Durch die kompakte Bauweise ist der Inverter relativ leicht und entsprechend einfacher zu transportieren. Er eignet sich also sehr gut für den mobilen Einsatz, zum Beispiel auf Baustellen.

Seine Nachteile: Aufgrund der komplizierteren Technologie sowie der leichteren Bauweise, hat der Schweißinverter einen vergleichsweise hohen Preis. Wegen der Vielzahl an elektronischen Bauteilen kann er störanfälliger sein, als der Schweißtransformator und daher oft auch eine geringere Lebensdauer haben. Es gilt also, die Vor- und Nachteile genau abzuwägen. Vor allem der Garten- und Landschaftsbauer wird sich, wegen des geringeren Gewichtes, häufig für den Inverter entscheiden.

Die Schweißleitungen

Die Verbindung vom Arbeitsplatz zur Stromquelle erfolgt durch zwei Schweißleitungen, an deren jeweiligem Ende sich die Pol-/Werkstückklemme beziehungsweise der Elektrodenhalter befindet.

Buchsen und Stecker, für die Verbindung zum Schweißgerät, sollten immer mindestens so hoch belastbar sein, wie die jeweiligen Schweißleitungen. Es sollte immer ein ausreichend großer Leitungsquerschnitt verwendet werden, da sonst (besonders bei längeren Kabeln) ein großer Teil der Leistung schon durch den hohen Leitungswiderstand verbraucht wird.

Der Elektrodenhalter

Am vorderen Ende des Elektrodenhalters befindet sich ein Maulstück, das mit Rillen in verschiedenen Winkeln ausgestattet ist. Dies ermöglicht das Einspannen der

Stabelektroden in verschiedenen Lagen – je nach Schweißaufgabe. Das Griffstück des Elektrodenhalters ist elektrisch isoliert. Das Wechseln der Stabelektroden sollte trotzdem immer mit Schutzhandschuhen erfolgen, da am Elektrodenhalter eine Leerlaufspannung anliegt.

Der Lichtbogen

Beim E-Schweißen wird ein elektrischer Lichtbogen als Wärmequelle genutzt. Er brennt zwischen dem Werkstück und einer meist umhüllten, abschmelzenden Stabelektrode.

Der Lichtbogen entsteht durch die Berührung von Stabelektrode und Werkstück. Es erfolgt ein beabsichtigter Kurzschluss, der die Spitze der Elektrode so stark erwärmt, dass ein Austreten von Elektronen möglich wird (Strom fließt). Nach dem Anheben der negativ gepolten Stabelektrode vom positiv gepolten Werkstück werden die Elektronen stark beschleunigt und treffen auf dem Weg zum Werkstück auf neutrale Gas- und Luftatome, aus denen ebenfalls Elektronen gelöst werden. Die nun positiv geladenen Gas- und Luftatome (Ionen) bewegen sich in Richtung Stabelektrode. Es entsteht eine Gassäule (ein Lichtbogenplasma). Beim Aufprall der Gasatome und Elektronen auf die Elektrode wird deren starke Bewegungsenergie in Wärme umgewandelt. Am Minuspol (Stabelektrode) entsteht eine Temperatur von 3600 °C, der Pluspol (Werkstück) erreicht eine Temperatur von 4200 °C.

Der Werkstoff wird an der Schweißstelle aufgeschmolzen, auch die Elektrode schmilzt während des Schweißvorgangs ab und bildet die „Schweißraupe“.

Das Zünden des Lichtbogens

Durch kurzes Streichen oder Tupfen der Stabelektrode auf dem Werkstück wird der Lichtbogen gezündet – in etwa so, als wollten Sie ein Streichholz anzünden.

Den Lichtbogen immer vor dem Anfang der Schweißnaht zünden

Bitte beachten: Die Stabelektrode wird etwa 15 bis 20 mm vor dem eigentlichen Raupenanfang gezündet. Brennt der Lichtbogen, wird die Stabelektrode zum Raupenanfang zurückgeführt. Im nun folgenden Schweißvorgang wird die Zündstelle wieder überschweißt.

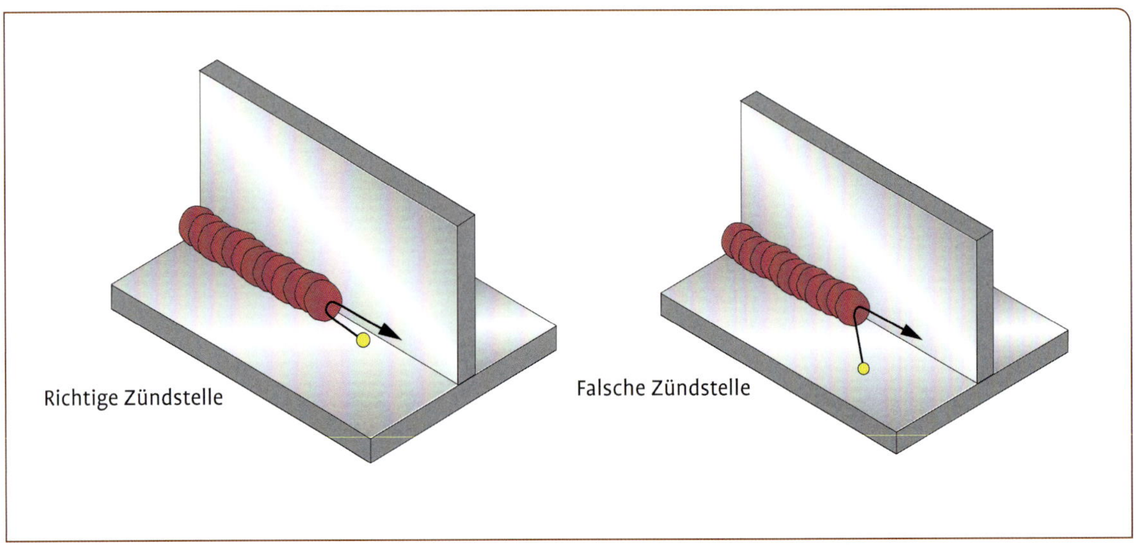

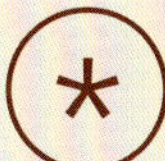

Wissenswertes

Der frei brennende Schweißlichtbogen entsteht durch eine elektrische Gasentladung. Rein physikalisch betrachtet, handelt es sich beim Lichtbogen um ein „Plasma", das heißt ein Teilchengemisch aus dem Metalldampf der Elektroden, neutralen Gasatomen, Ionen und Elektronen (nicht zu verwechseln mit dem Plasma-Schweißgerät). Der Lichtbogen hat eine Temperatur zwischen 4000 und 16 000 K. Dabei entsprechen 0 °C umgerechnet 273,15 K. Die Kelvin-Skala bezieht sich auf den absoluten Nullpunkt und ist die international gebräuchliche, gesetzliche Temperatureinheit. In Deutschland, Österreich und der Schweiz sind auch Angaben in Grad Celsius erlaubt.

Das Zünden des Lichtbogens

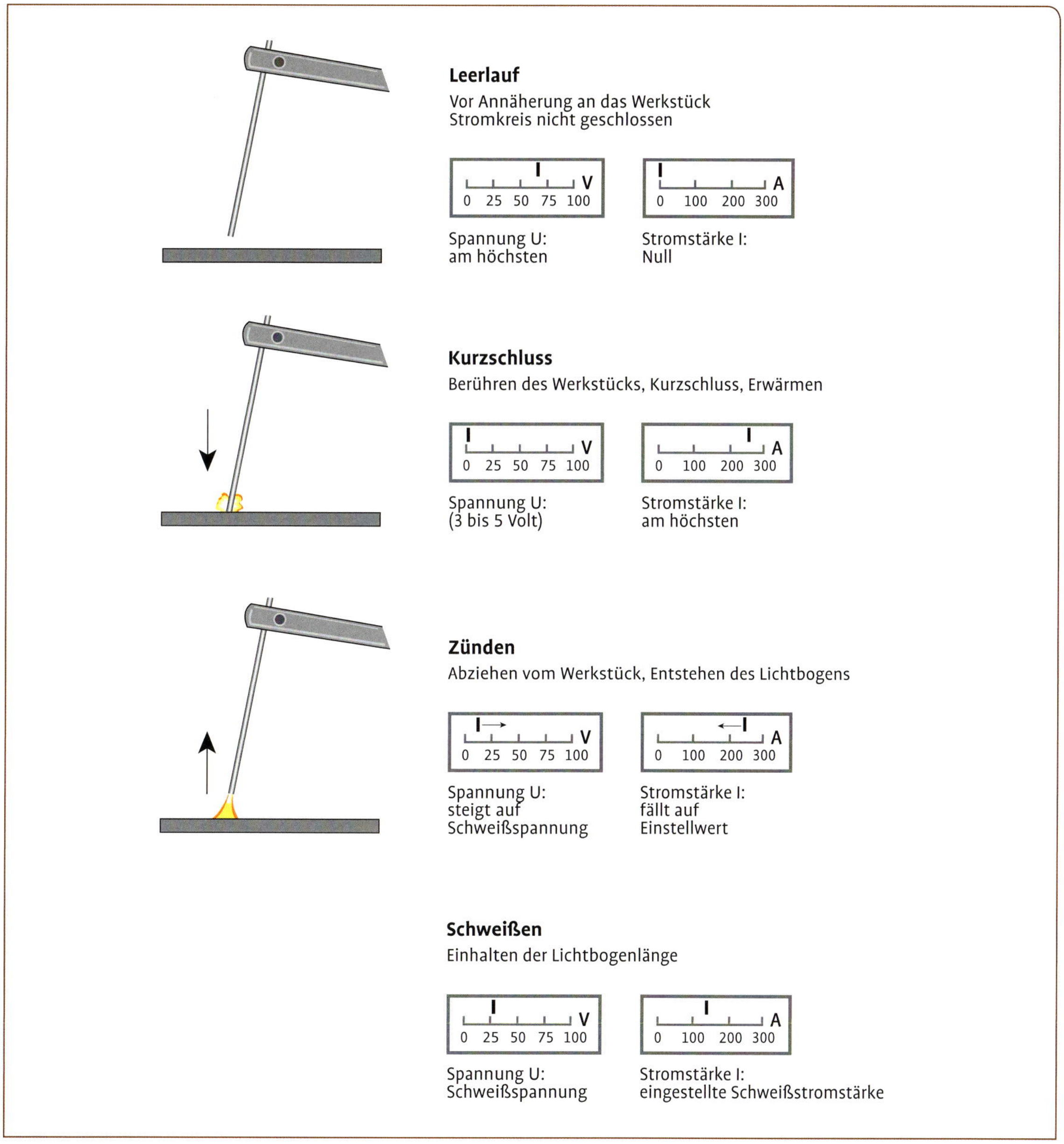

Leerlauf

Vor Annäherung an das Werkstück
Stromkreis nicht geschlossen

V: 0 25 50 75 100 — A: 0 100 200 300

Spannung U: am höchsten — Stromstärke I: Null

Kurzschluss

Berühren des Werkstücks, Kurzschluss, Erwärmen

V: 0 25 50 75 100 — A: 0 100 200 300

Spannung U: (3 bis 5 Volt) — Stromstärke I: am höchsten

Zünden

Abziehen vom Werkstück, Entstehen des Lichtbogens

V: 0 25 50 75 100 — A: 0 100 200 300

Spannung U: steigt auf Schweißspannung — Stromstärke I: fällt auf Einstellwert

Schweißen

Einhalten der Lichtbogenlänge

V: 0 25 50 75 100 — A: 0 100 200 300

Spannung U: Schweißspannung — Stromstärke I: eingestellte Schweißstromstärke

Die Länge des Lichtbogens muss gleichmäßig gehalten werden

Die Stabelektrode muss abgehoben werden, bevor sie am Werkstück fest haftet (eine fest haftende Elektrode lösen Sie durch Brechen, nicht durch Ziehen). Der Strom fließt nun durch die elektrisch leitende Luft und der Lichtbogen kann entstehen. Das Aufrechterhalten des Lichtbogens verlangt vom Anfänger etwas Übung.

Ein gleichmäßiger Lichtbogen entsteht, wenn der Abstand zwischen der abschmelzenden Stabelektrode (die natürlich kontinuierlich nachgeführt werden muss) und dem Werkstück kurz und gleichmäßig gehalten wird.

Die Länge des Lichtbogens soll in etwa dem Kerndrahtdurchmesser der Stabelektrode entsprechen. Bei zu geringer Lichtbogenlänge kann die Elektrode am Werkstück ankleben und der Lichtbogen erlischt. Ist der Abstand zwischen Werkstück und Stabelektrode zu groß, flackert der Lichtbogen und reißt ab. Hier gilt, wie eingangs schon gesagt: „Nur Übung macht den Meister“. Also nicht verzweifeln, sondern weiter machen oder auf gut Deutsch: „Learning by Doing“.

Die Blaswirkung

Beim Lichtbogenhandschweißen bilden sich elektromagnetische Felder aus:

- um die Stabelektrode,
- um den Lichtbogen,
- im Werkstück.

Treffen das Magnetfeld der Stabelektrode und das des Werkstücks im ungünstigen Winkel aufeinander, werden sie abgelenkt. Diese Ablenkung des Lichtbogens wird als „Blaswirkung" bezeichnet und stört ein gleichmäßiges Schweißen.

Das Ablenken des Lichtbogens kann erfolgen:

- vom Anschluss der Werkstückklemme weg,
- in Richtung einer größeren Masse,
- von den Werkstückkanten nach innen.

Die Blaswirkung lässt sich verringern:

- durch Ändern des Anstellwinkels der Stabelektrode,
- durch das Verlegen der Masseklemme,
- durch das Anbringen mehrerer Masseklemmen.

Die Blaswirkung kann sich besonders beim Schweißen mit Gleichstrom bemerkbar machen. Beim Schweißen mit Wechselstrom ist sie nur gering, da ein ständiger Auf- und Abbau der Magnetfelder erfolgt.

Die Art der Schweißelektroden

Elektroden zum Schweißen gliedern sich in zwei Gruppen:

- Elektroden, die beim Schweißen abbrennen und so das Material für die Füllung der Schweißnaht liefern (um solche „Stabelektroden" wird es sich im Folgenden handeln),
- Elektroden, die nicht abbrennen, sondern nur den Stromfluss in der Gasentladung des Schweißlichtbogens erhalten. Solche (Wolfram-)Elektroden werden nur beim Wolfram-Inertgas-Schweißen (WIG-Schweißen, siehe dort) verwendet.

Die Wahl der Stabelektroden

Bei der Auswahl der Elektroden müssen Sie Folgendes berücksichtigen:

- den Werkstoff der zu verbindenden Bauteile,
- die Materialdicke,
- die Art des Schweißstromes,
- die Schweißposition.

Der Aufbau der Stabelektroden

Stabelektroden setzen sich aus einem Kernstab und einer Umhüllung zusammen. Sie enthalten die Zusatzwerkstoffe, die für das Verschweißen benötigt werden. Beim Schweißen schmelzen Kernstab und Umhüllung gleichzeitig ab.

Welche Elektrode was beinhaltet, erkennen Sie auf dem Schild zur Kennzeichnung der Elektroden. Die Bezeichnungen sind genormt.

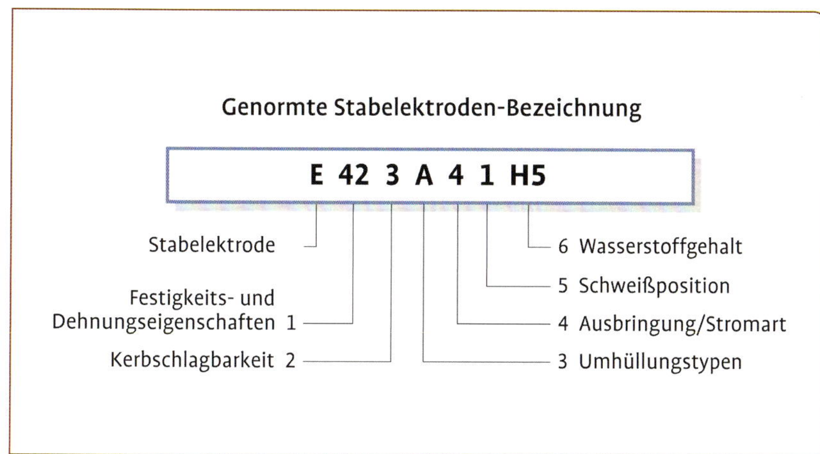

Beispiel für eine Elektrodenbezeichnung nach DIN (Erläuterungen dazu in den Tabellen 5 bis 10)

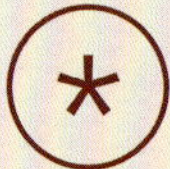

Wissenswertes
In den nachfolgenden Tabellen erfahren Sie, was sich hinter den Bezeichnungen auf der Stabelektrode (siehe Seite 51) verbirgt.

Tab. 5 Festigkeits- und Dehnungseigenschaften des Schweißgutes – 1

Kennziffer	Mindeststreckgrenze in N/mm^2	Zugfestigkeit in N/mm^2	Mindestbruchdehnung in %
35	355	440 bis 570	22
38	380	470 bis 600	20
42	420	500 bis 640	20
46	460	530 bis 680	20
50	500	560 bis 720	18

Tab. 6 Kerbschlagbarkeit des Schweißgutes (nach DIN EN ISO 17632) – 2

Kennziffer	Temperatur für Mindestkerbschlagbarkeit 47 J in °C
Z	keine
A	+ 20
0	0
2	− 20
3	− 30
4	− 40
5	− 50
6	− 60

Tab. 7 Kennziffern für die Umhüllungstypen – 3

Typ	Umhüllung
A	sauer
C	Zellulose
R	Rutil
RR	dick Rutil
RC	Rutil-Zellulose
RA	rutilsauer
RB	rutilbasisch
B	basisch

Tab. 8 Ausbringung und Stromart – 4

Kennziffer	Ausbringung in %	Stromart
1	≤1053	Wechsel- und Gleichstrom
2	≤105	Gleichstrom
3	>105 und ≤125	Wechsel- und Gleichstrom
4	>105 und ≤125	Gleichstrom
5	>125 und ≤160	Wechsel- und Gleichstrom
6	>125 und ≤160	Gleichstrom
7	>160	Wechsel- und Gleichstrom
8	>160	Gleichstrom

Tab. 9 Schweißpositionen – 5

Kennziffer	Positionen
1	alle Positionen
2	alle, außer Fallnaht
3	Stumpfnaht, Position PA, Kehlnaht, Positionen PA und PB
4	Stumpfnaht in Position PA, Kehlnaht in Position PA
5	Positionen wie 3 plus Position PG

Tab. 10 Wasserstoffgehalt des Schweißgutes – 6

Kennziffer	Wasserstoffgehalt in ml/100 g Schweißgut maximal
H5	5
H10	10
H15	20

Der Kernstab

Der Kernstab ist gleichzeitig Stromleiter, Eisenträger und Träger der Umhüllung. Er liefert den Zusatzwerkstoff zum Auftragsschweißen beziehungsweise zum Füllen der Schweißfugen. Den Kernstab gibt es aus unterschiedlichen Materialien, je nachdem, für welches Schweißgut (= Basismaterial) er verwendet werden soll. Er sollte immer in etwa die gleiche Zusammensetzung wie der zu schweißende Werkstoff haben.

Das Abschmelzen einer umhüllten Stabelektrode

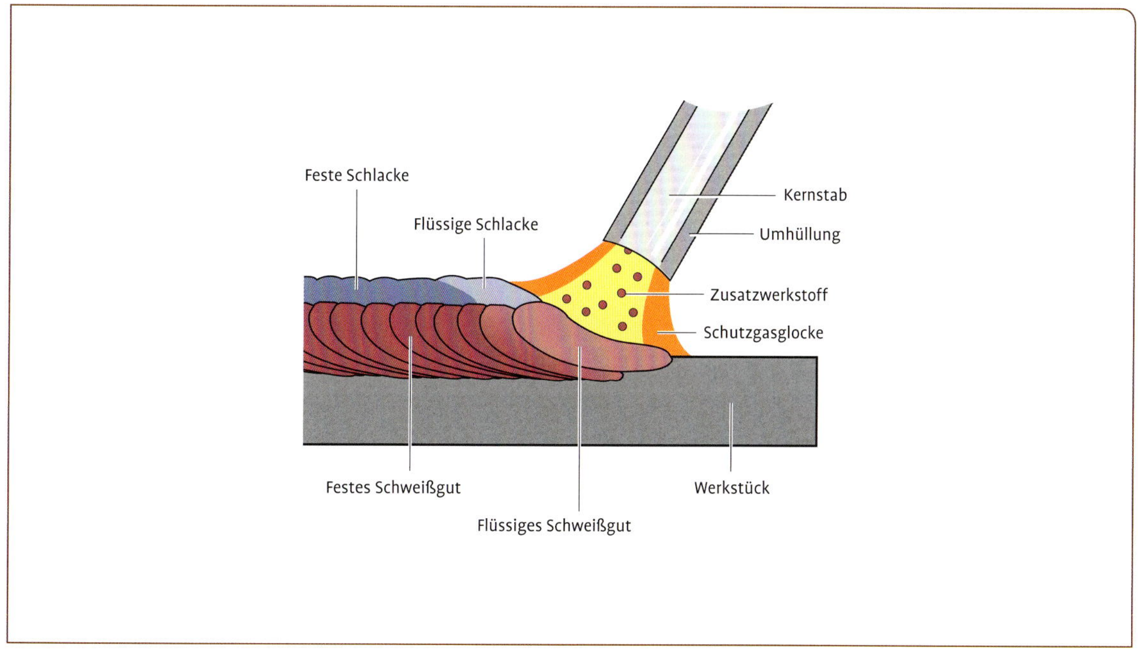

Die Umhüllung der Stabelektroden

Während der Kernstab der eigentliche Zusatzwerkstoff ist, der in die Schweißnaht eingebracht wird, erfüllt die Elektrodenumhüllung vielfältige Aufgaben, die das Elektroden-Schweißen erst ermöglichen beziehungsweise erleichtern:

- Schutz des Schmelzbades vor Oxidation durch Schutzgas bildende Stoffe, wie Cellulose, Kalkspat ($CaCO_3$).
- Schlackebildung durch Stoffe wie Quarz (SiO_2), Flussspat (CaF_2).
- Stabilisierung des Lichtbogens durch Stoffe wie Kali-Feldspat, Rutil (TiO_2).
- Ersetzen der oxidierten Elemente, zum Beispiel Kohlenstoff (C) oder Mangan (Mn).
- Ermöglichen verschiedener Schweißpositionen.
- Begünstigen des Werkstoffübergangs von der Elektrode zum Werkstück.

Außerdem enthält die Umhüllung:

- desoxidierende Stoffe, wie Ferromangan (FeMn), Ferrosilizium (FeSi),
- Legierungsbestandteile, wie Eisen (Fe), Titan (Ti), Silizium (Si), Nickel (Ni) etc.,
- Bindemittel.

Am sogenannten Einspann-Ende ist der Kernstab mindestens 15 mm umhüllungsfrei.

Tipp

Elektroden sollten immer „staubtrocken“ sein, sonst können verschiedene Fehler auftreten. Also entsprechend aufbewahren oder im Backofen vortrocknen.

Tab. 11 Zusammensetzung und Eigenschaften von Elektroden-Umhüllungen

Typ	Umhüllung (in allen Typen enthalten: FeMn und Bindemittel)	Einfluss auf Erstarrungsintervall der Schlacke, fest <=> flüssig
A	saure Elektroden (Acidum = Säure), z. B. SiO_2 – Siliciumdioxid-haltig (fälschlich oft „Kieselsäure“), Fe_3O_4 – Magnetit-haltig	groß
B	basische Elektroden, z. B. $CaCO_3$ – Calciumcarbonat-haltig, CaF_2 – Calciumfluorid-haltig	gering
C	Zellulose-Elektroden (fachsprachlich Cellulose), enthalten brennbare organische Stoffe	fast keine Schlackebildung
R	Rutil-Elektroden TiO_2 – Titandioxid/Rutil-haltig	gering
Mischtyp		
RR	dick Rutil	gutes Wiederzünden der Elektrode, gleichmäßige, feinschuppige Nähte, alle Positionen außer Fallposition
RC	Rutil-Cellulose	größerer Celluloseanteil, daher auch für Fallposition geeignet
RA	rutilsauer	ähnlich Typ A, alle Positionen außer Fallposition
RB	rutilbasisch	gute mechanische Eigenschaften, gute Schweißeigenschaften, alle Positionen außer Fallposition

Wissenswertes

Rutil ist ein häufig vorkommendes Mineral aus der Klasse der Oxide und Hydroxide mit der chemischen Zusammensetzung TiO_2 (Titandioxid). Beschrieben wurde Rutil erstmalig 1803 von A. G. Werner, der das Mineral in Anlehnung an seine häufig vorkommende rötliche Farbe benannte (lateinisch rutilus für rot oder rötlich).

Tab. 12 Umhüllungsarten und ihre Eigenschaften

	Typ A, sauer umhüllt	Typ B, basisch umhüllt	Typ C, mit Zellulose umhüllt	Typ R, mit Rutil umhüllt
Tropfenübergang	fein bis sprühartig	groß bis mittel	groß bis mittel	mittel bis fein
Spaltüberbrückbarkeit	mäßig	gut	gut	mäßig bis gut
Nahtaussehen	feinschuppig	mittel bis grob-schuppig	schuppig	glatt
Entfernbarkeit der Schlacke	sehr leicht	mittelmäßig	leicht	leicht
Lichtbogenlänge	Kern-∅	Kern-∅	Kern-∅	Kern-∅
Einbrandtiefe	mittelmäßig	gut	gut	gut
Stromart	Gleichstrom, Wechselstrom	Gleichstrom, Wechselstrom	Gleichstrom,	Gleichstrom, Wechselstrom
Mechanische Gütewerte	mittelmäßig	sehr gut	gut	gut
Rauchentwicklung	mäßig	stark	sehr stark	mäßig
Besonderheiten		feuchtigkeits-empfindlich	für Fallnähte	

Die Mischtypen verhalten sich entsprechend.

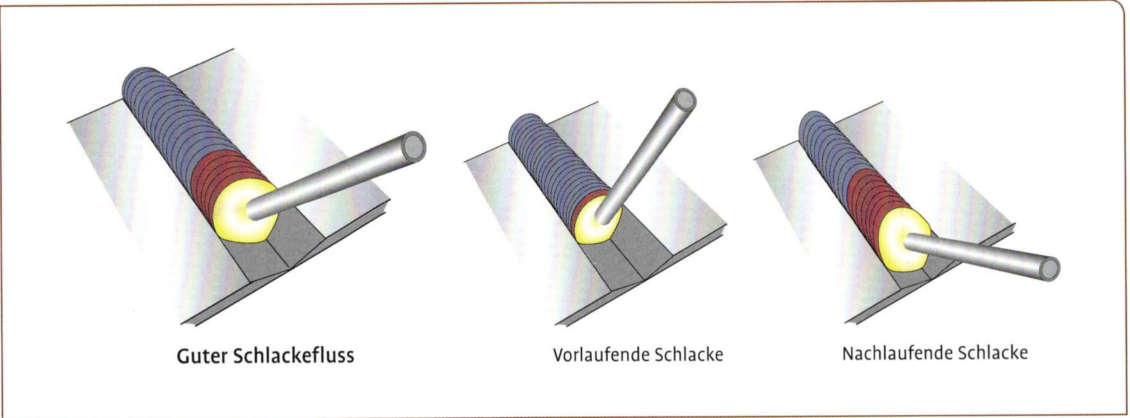

Der Schlackefluss lässt sich durch den Anstellwinkel der Elektrode beeinflussen

Der Schlackefluss

Ein sehr wichtiger Bestandteil der Umhüllung der Stabelektrode sind die Schlacke bildenden Stoffe. Die Schlacke dient als Flussmittel, das die Oberflächenspannung des aufgeschmolzenen Werkstoffs reduziert. Sie bindet Verunreinigungen, verhindert Lufteintritt und unterstützt eine gleichmäßigere Abkühlung.

Um eine fehlerfreie Schweißverbindung herzustellen, müssen Sie die Schlacke gut vom Schmelzbad unterscheiden können. Das Schmelzbad ist dünnflüssig und hellglänzend. Die Schlacke ist etwas dunkler und soll der Elektrodenspitze halbmondförmig folgen, mit einem Abstand von etwa 3 bis 5 mm.

- Vorlaufende Schlacke kann zu Bindefehlern führen.
- Nachlaufende Schlacke verhindert eine ausreichende Abdeckung des noch glühenden Schmelzbades. Es kommt zur Porenbildung auf der Schweißraupe.

Der Schlackefluss lässt sich durch den Anstellwinkel der Elektrode beeinflussen. Je stärker die Elektrode in die entgegengesetzte Richtung der Schweißnaht zeigt, desto stärker wird die Schlacke zurückgedrängt.

Das sicher zu erkennen, erfordert einige Übung. Lassen Sie sich nicht entmutigen, aus Fehlern können Sie nur lernen!

Die Dicke der Umhüllung

Die zunehmende Dicke der Umhüllung beeinflusst die Schweißeigenschaften:

- Der Werkstoffübergang wird feintropfiger.
- Die Naht sieht gleichmäßiger aus.
- Die Einbrandtiefe wird größer.

Tab. 13 Die Wahl des Elektroden-Durchmessers

Materialstärke in mm	Durchmesser in mm	Schweißstrom in A
1,6	1,6	40
2,0	2,0	55
2,0 bis 3,0	2,5	70
3,0 bis 5,0	3,2	110
5,0 bis 8,0	4,0	150
8,0 bis 10,0	5,0	200
> 10	6,0	290

Verschiedene Umhüllungen haben oft verschiedene Farben

Der Kernstabdurchmesser der Elektrode
Der Kernstabdurchmesser richtet sich nach der Dicke der Bauteile.

- Für Bauteile bis 4 mm Dicke wählen Sie den Durchmesser gleich der Materialdicke.
- Bei dickeren Werkstücken soll der Durchmesser allerdings nicht in gleichem Maße zunehmen, denn große Schweißnahtquerschnitte werden in mehreren Lagen geschweißt (siehe Tabelle 13, links).

Die Schweißstromstärke
Die Schweißstromstärke wird nach dem Durchmesser des Kernstabes festgelegt. Als Richtwert können Sie etwa 40 Ampere je Millimeter Elektrodendurchmesser annehmen. In den meisten Fällen geben die Hersteller den geeigneten Schweißstrombereich für ihre Elektroden auf der Verpackung an.

Die Lagerung von Stabelektroden
Stabelektroden müssen in einem Raum mit weniger als 60 % relativer Luftfeuchtigkeit und einer Temperatur von mindestens 18 °C gelagert werden. Damit die Elektroden trocken bleiben, sind Trockenköcher für die Aufbewahrung von Nutzen. Basische Stabelektroden müssen, aufgrund ihres Umhüllungstyps, grundsätzlich etwa zwei Stunden vor dem Schweißen bei 300 bis 350 °C vorgetrocknet werden (wo das nicht möglich ist, reicht zur Not auch der Backofen).

Das Halten und Wechseln der Elektroden
Die Elektrode wird, je nach Aufgabe, senkrecht oder leicht schräg angestellt. In Schweißrichtung neigen Sie die Stabelektrode in einem Anstellwinkel von etwa 70°. In Querrichtung halten Sie die Elektrode senkrecht und im Winkel von etwa 90° zur Naht.

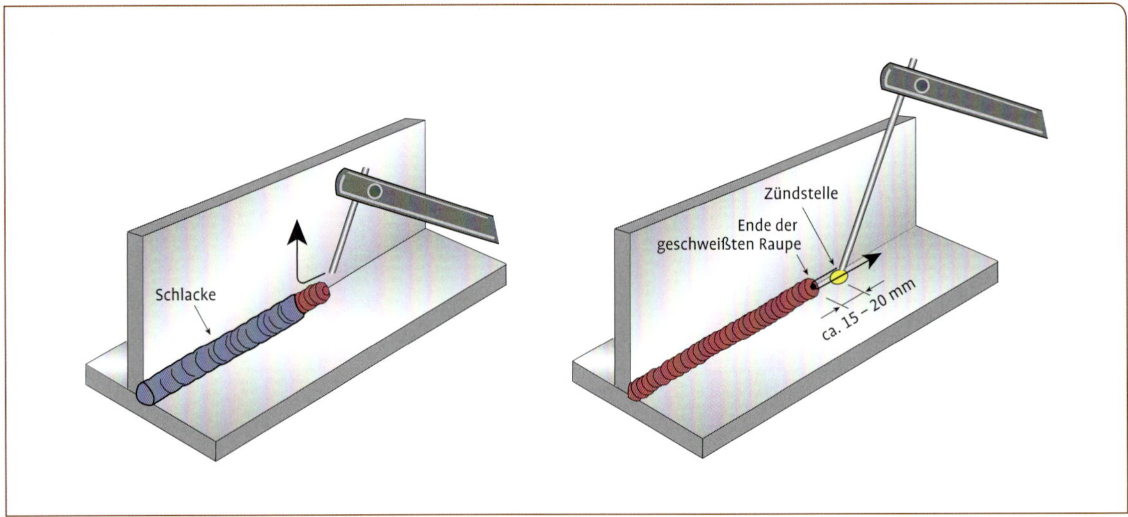

Das Ansetzen einer neuen Stabelektrode

Die Lichtbogenlänge sollte immer in etwa dem Elektrodendurchmesser entsprechen.

Wenn die Elektrode auf etwa 30 mm abgeschmolzen ist (je nachdem, wie lang das Einspann-Ende ist), sollte sie gewechselt werden.

Zum Unterbrechen des Schweißvorgangs ziehen Sie die Elektrode nicht einfach weg, sondern sie wird erst nach hinten und dann schnell nach oben geführt, wie im Bild ersichtlich. So vermeiden Sie einen „Endkraterriss". Am Ende einer Schweißnaht, wenn Sie die Arbeit beenden wollen, verfahren Sie genauso.

Bevor Sie weiter schweißen, müssen Sie die Schlacke von der Schweißraupe entfernen. Das erneute Zünden des Lichtbogens erfolgt wieder etwa 15 bis 20 mm vor Raupenende. Führen Sie dann die Elektrode mit etwas längerem Lichtbogen zurück (Achtung, nicht abreißen lassen), dann lassen Sie das Raupenende leicht aufschmelzen und arbeiten weiter.

Werkstücke heften

Sollen zwei Werkstücke miteinander verbunden werden, müssen Sie diese zuvor heften, damit sie sich nicht verziehen oder verrutschen können. Dazu setzten Sie einzelne kleine Schweißpunkte.

Hört sich alles etwas kompliziert an? Ist es aber nicht mehr, wenn Sie einmal den Bogen raus haben. Und inzwischen wissen Sie es ja schon: „Probieren geht über studieren".

Tab. 14 Richtwerte für Heftstellen (nach Schweißtechnische Lehr- und Versuchsanstalt Nord 2015)

Blechdicke	Länge der Heftstelle	Lichter Abstand
≤ 1,2 mm	~ 5 mm	~ 10× die Blechdicke
> 1,2 bis 2 mm	~ 10 bis 25 mm	~ 10- bis 20× die Blechdicke
> 2 bis 5 mm	~ 25 mm	~ 15× die Blechdicke
> 5 mm	≤ 100 mm	≤ 300 mm

Die unterschiedlichen Schweißpositionen

Das Schweißen kann in unterschiedlichen Positionen erfolgen. Die nachfolgende Abbildung zeigt diese Positionen im Detail.

Schweißpositionen

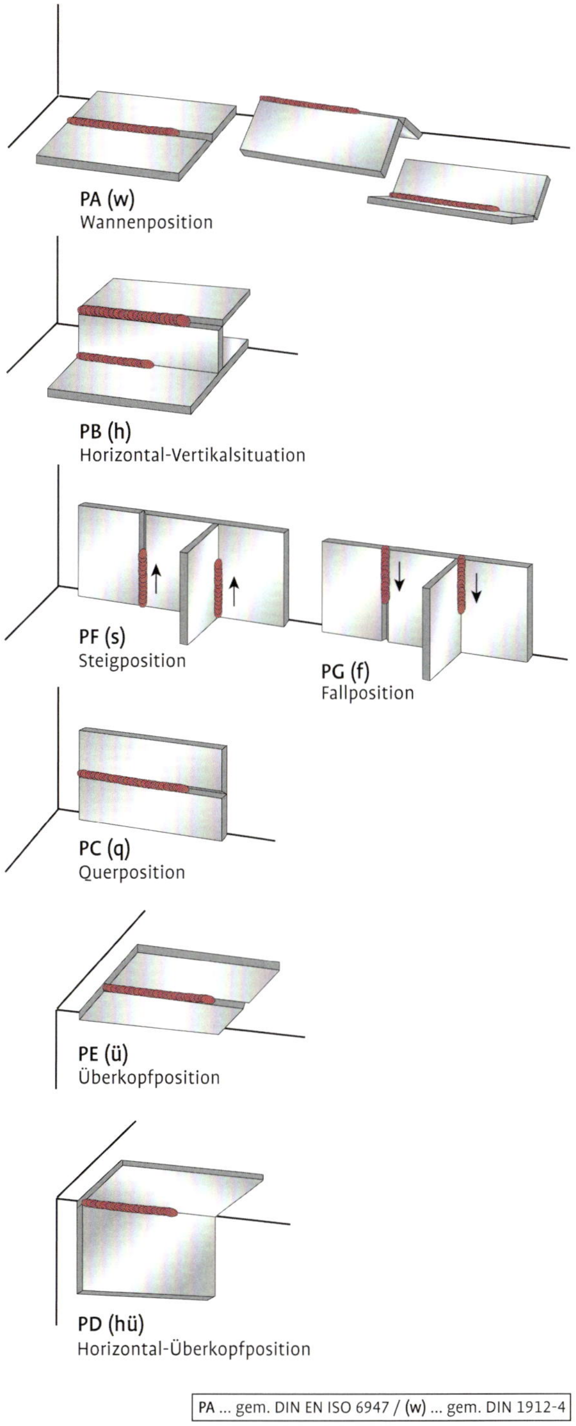

PA (w)
Wannenposition

PB (h)
Horizontal-Vertikalsituation

PF (s)
Steigposition

PG (f)
Fallposition

PC (q)
Querposition

PE (ü)
Überkopfposition

PD (hü)
Horizontal-Überkopfposition

PA ... gem. DIN EN ISO 6947 / (w) ... gem. DIN 1912-4

Die verschiedenen Stoßarten und Nähte beim Schweißen

Werkstücke können beim Schweißen auf verschiedene Art gegeneinander stoßen. Je nach Form und Dicke der Werkstücke werden diese mit unterschiedlich ausgebildeten Schweißnähten verbunden.

Stoßarten

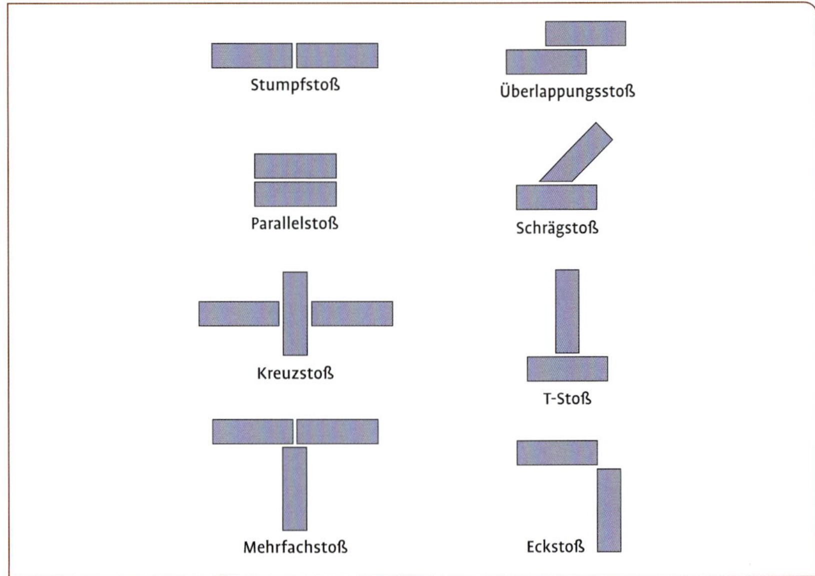

Schweißnähte

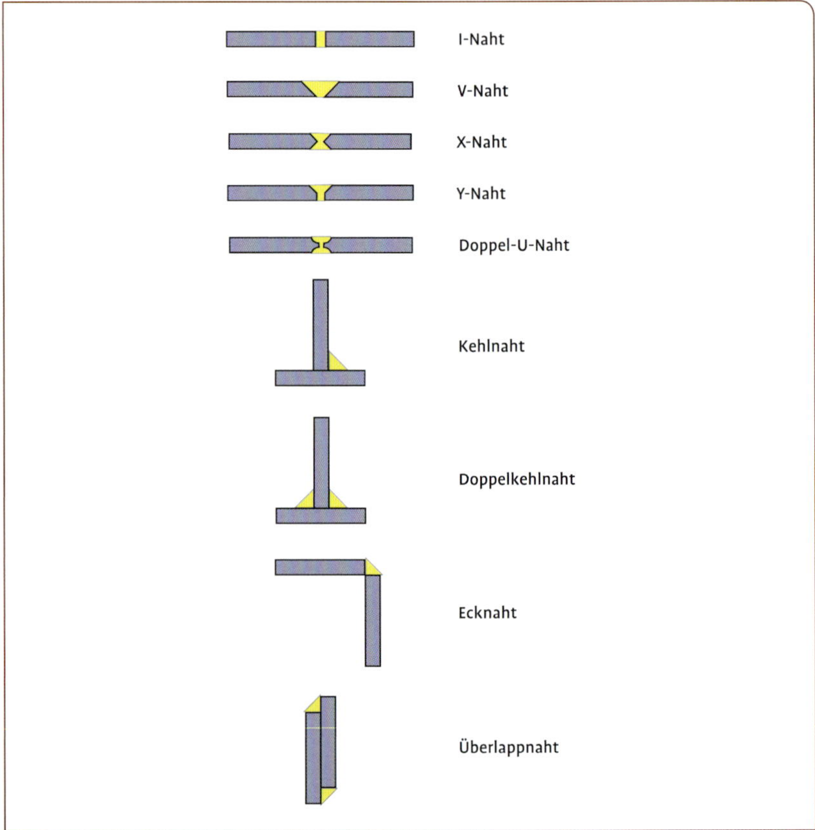

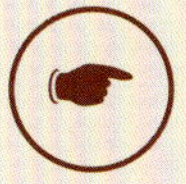

Praktische Übungsaufgaben
Jetzt geht es endlich ans Machen. Wir haben einige Aufgaben für Sie zusammengestellt, die Sie nach einiger Zeit sicher mit Bravour nacharbeiten können. Nachfolgend zunächst eine Zusammenstellung von wichtigen Arbeitsschritten und Tätigkeiten, die bei jeder Aufgabe zu beachten beziehungsweise zu realisieren sind.

Arbeitsschritte immer zu Beginn jeder Übung:

- Bleche zuschneiden, entgraten, richten und im Bereich der Schweißnaht sorgfältig säubern, das heißt von Rost, Zunderschicht, Fetten und Lacken befreien.
- Passende Elektrode aussuchen.
- Schweißgerät einschalten und richtigen Schweißstrom einstellen.
- Masseklemme an metallisch blanker Stelle des Werkstückes befestigen.

Immer am Ende jeder Übung:

- Elektrodenhalter zurück in die Vorrichtung einhängen.
- Schweißgerät ausschalten.
- Schweißraupen säubern.

Nicht vergessen:

- Die Stabelektrode wird immer etwa 15 bis 20 mm vom eigentlichen Raupenanfang gezündet. Brennt der Lichtbogen, wird die Elektrode zurück zum Raupenanfang geführt. Im nachfolgenden Schweißvorgang wird die Zündstelle überschweißt.
- Für eine gute geschweißte Naht sind eine gleichbleibende Lichtbogenlänge und eine gleichbleibende Schweißgeschwindigkeit erforderlich. Die Länge des Lichtbogens soll in etwa dem Kerndrahtdurchmesser der Stabelektrode entsprechen.
- Da die Elektrode beim Schweißen abschmilzt, muss sie gleichmäßig in Richtung Schweißfuge nachgeführt werden.
- In Schweißrichtung neigen Sie die Stabelektrode in einem Anstellwinkel von etwa 70°. In Querrichtung halten Sie die Elektrode senkrecht und im Winkel von etwa 90° zur Naht.
- Man kann es nicht oft genug wiederholen. Die zu schweißenden Bleche müssen im Bereich der Schweißnaht sauber, fett- und korrosionsfrei sein.

Übungen zum Auftragschweißen

Mit dem Auftragschweißen können Sie zum Beispiel durch Verschleiß abgetragene Flächen, Kanten oder Profile wieder ergänzen. Ein praktischer Aspekt, vor allem in Freiräumen. Außerdem können Sie durch Auftragschweißen eine hochwertigere Oberfläche auf einem minderwertigen Grundmaterial herstellen.

Parallele Schweißraupen

Zunächst sollen parallele Schweißraupen auf einem Blech geschweißt werden. Dies ist die einfachste Übung zum Schweißen, weil hier nichts zusammenhalten muss.

Noch vor der allgemeinen Vorbereitung reißen Sie die gewünschten Abstände der Schweißraupen auf dem Werkstück an. Tragen Sie dann die Schweißraupen in Position PA auf.

Auch wenn es Ihnen in den Fingern kribbelt, führen Sie immer alle Arbeitsschritte gewissenhaft aus, dadurch bekommen Sie nicht nur Übung im Schweißen, sondern der gesamte Arbeitsvorgang geht Ihnen „in Fleisch und Blut über".

Hier kann man gut erkennen, wie sich die Raupen bei jedem Auftragen verbessern

Flächen auftragen

Um eine Fläche zu veredeln, setzen Sie mehrere Schweißraupen dicht nebeneinander, sodass nach dem Schleifen oder Feilen eine ebene Fläche entsteht.

Die erste Schweißraupe schweißen Sie genau so, wie Sie es in der vorhergehenden Übung schon praktiziert haben. Die folgenden Schweißraupen werden so überlappt, dass eine gleichmäßige Auftragsfläche entsteht. Dabei sollte die vorige Raupe immer etwa ein Viertel bis ein Drittel wieder aufschmelzen. Das erreichen Sie, indem Sie den Lichtbogen leicht auf die bestehende Schweißraupe richten. Die Schlacke sollte auch hier dem Schmelzbad deutlich getrennt folgen.

Vor jeder neuen Reihe müssen Sie Schlacke und Spritzer von Raupe und Werkstückoberfläche sorgfältig entfernen.

Üben Sie mit verschieden dicken Elektroden und beobachten Sie, was dabei passiert.

Verändern Sie die Stromstärke und beobachten Sie die Einbrandtiefe der Raupen (wichtig beim späteren Schweißen verschiedener Nähte!).

- Bei richtig eingestellter Stromstärke ist die Einbrandtiefe in etwa halb so tief, wie die gesamte Raupenhöhe.
- Bei zu hoher Stromstärke wird der Einbrand zu tief, die Elektrode spritzt und beginnt zu glühen.
- Bei zu niedriger Stromstärke wird der Einbrand zu flach und die Raupe ist mit Poren durchsetzt.

Bitte beachten: Wegen der speziellen Anwendungen (Verschleißbeseitigung, Veredeln) kann das Schweißgut (nur) beim Auftragschweißen andere Eigenschaften haben als der Grundwerkstoff. Es kann zum Beispiel härter, fester, korrosionsbeständiger sein.

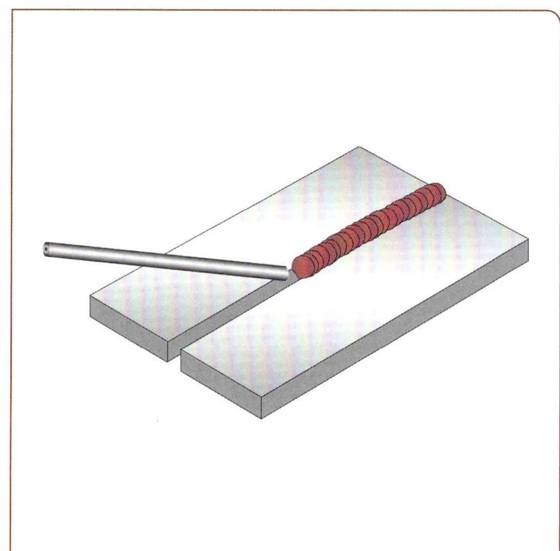

Links: Der einfache Stumpfstoß

Rechts: Eine gut gelungene Schweißnaht

Übungen zum Stumpfstoß

Je nach Werkstück kann ein Stumpfstoß waagerecht oder senkrecht ausgeführt werden. Die senkrechte Position kann steigend oder fallend geschweißt werden.

So einfach sich dies anhören mag, so wichtig sind doch auch hier wieder die gewissenhaften Vorbereitungen.

Der einfache Stumpfstoß

Um eine gute Wurzelschweißung zu erreichen, sollten Sie einen Abstand zwischen den Blechen vorsehen. Dieser sollte bei Blechen bis 3 mm maximal der Blechdicke entsprechen (hier zählen Erfahrungswerte), geschweißt wird dann mit einer einfachen I-Naht. Um den gewählten Abstand gleichmäßig zu wahren, müssen Sie die beiden Bleche sorgfältig heften. Achtung, die Heftnaht schrumpft noch etwas.

Schweißen Sie den einfachen Stumpfstoß zügig in einem Arbeitsgang durch, damit sich die Bleche nicht ungleichmäßig erwärmen und verziehen können. Die Heftstellen müssen gut aufgeschmolzen werden, um Bindefehler und Wurzelfehler zu vermeiden. Auch auf der Rückseite muss nach dem Schweißen eine gleichmäßige, dünne Naht erkennbar sein.

Ab etwa 4 bis 5 mm Blechdicke wird eine V-Naht und über 10 mm eine X-Naht geschweißt (dies ist eher im industriellen Bereich bedeutsam), das heißt, dass die Bleche in einem Winkel von etwa 60° abgeschrägt, also mit einer Fase versehen, werden müssen (bei dünneren Blechen mit der Feile, bei dickeren mit der Schleifschiene der Flex).

Sind bei einer V-Naht mehrere Lagen nötig, muss die Wurzellage sorgfältig gereinigt werden. Auch hier die einzelnen Lagen zügig durchschweißen. Um eine schöne, gleichmäßige Raupe zu erreichen, wird die Decklage mit einer gleichförmigen Pendelbewegung geschweißt.

Der Stumpfstoß an einer V-Naht

Die vorbereiteten Bleche (mindestens 4 mm) werden mit dem V nach unten auf den Schweißtisch gelegt. Da sich Metall beim Erhitzen ausdehnt und beim Erkalten wieder zusammenzieht, kann es zu Winkelschrumpfungen kommen. Darum werden die Bleche durch Unterlegen von entsprechenden Blechstreifen in einem Winkel von etwa 3° ausgerichtet.

Vorgabe gegen Winkelverzug

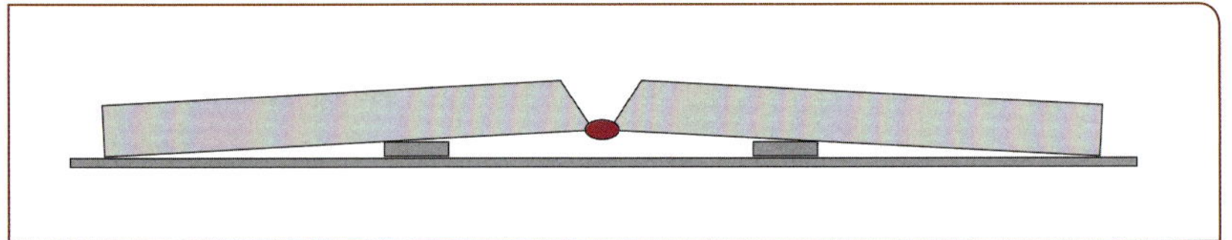

Geheftet wird je nach Länge des Werkstückes, an den Stirnseiten und innen. Anschließend wird das Werkstück umgedreht und die Naht geschweißt, je nach Blechdicke in mehreren Lagen. An der fertigen Arbeit sollte grundsätzlich kein Unterschied zu einem einfachen Stumpfstoß erkennbar sein.

Der Stumpfstoß mit V-Naht in steigender Position

Diese Schweißnaht für ein dickeres Blech (ab ca. 5 mm) in steigender Position wird mit unterschiedlichen Pendelraupen gearbeitet und erfordert schon eine gewisse Übung. Die Wurzellage wird in einer Querpendelbewegung realisiert. Dadurch entsteht eine „Schweißöse", die eine gute Beobachtung der Wurzel ermöglicht. Anschließend sorgfältig die Schlacke entfernen.

Die Decklage wird mit einer Pendelbewegung geschweißt, die in etwa einer flachen Halbmond- oder C-Form entspricht.

Vorbereitung und Ausführung einer V-Naht am Stumpfstoß

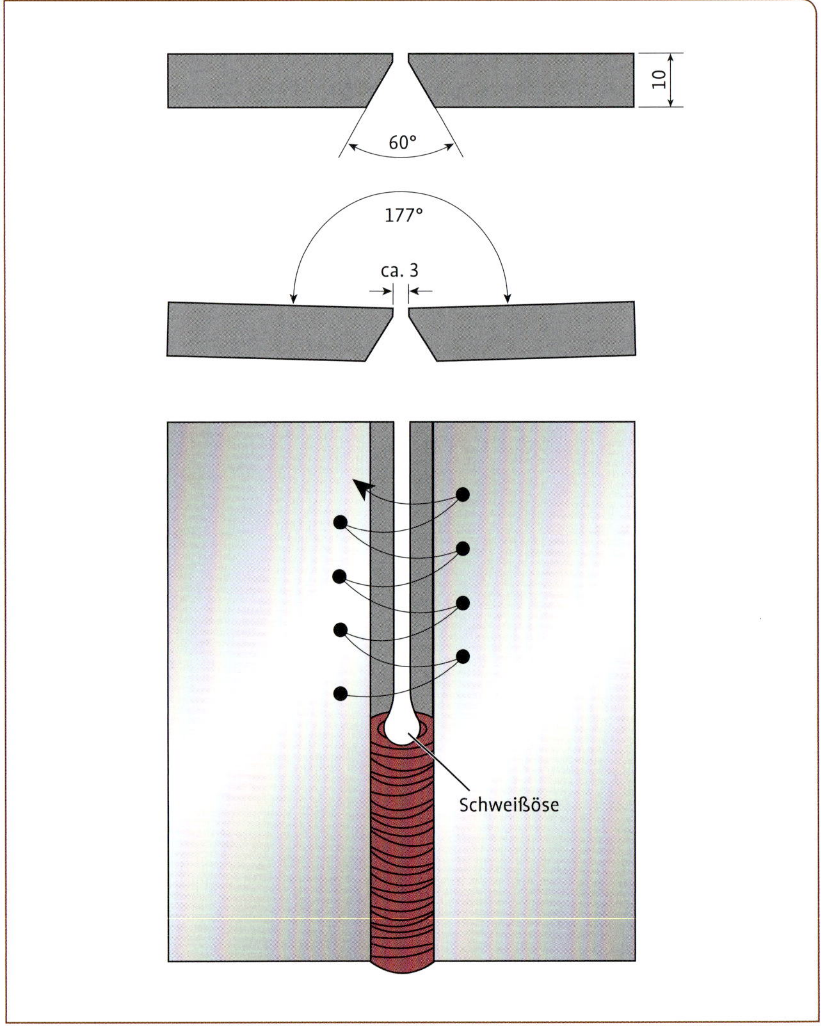

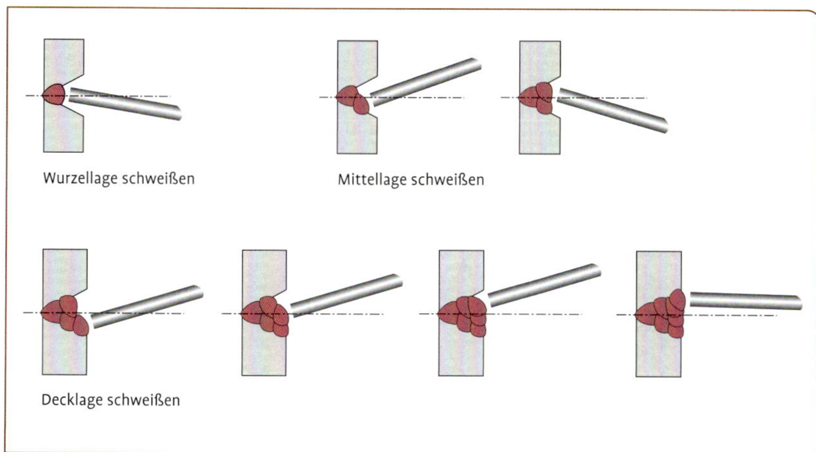

Die Positionen der Stabelektrode beim Schweißen der einzelnen Lagen

Der Stumpfstoß mit V-Naht in Querlage

Die Naht wird mit Strichraupen aufgebaut. Wichtig ist die Reihenfolge der einzelnen Raupen (immer von unten nach oben), um ein Abfließen des Schweißgutes nach unten zu verhindern. Aus dem gleichen Grund ist auch der Anstellwinkel für jede Raupe unterschiedlich. Die Elektrode muss praktisch der Schwerkraft entgegenwirken, um ein Absacken des Schmelzbades zu vermeiden.

Je nachdem, wie dick das Blech ist, wird in zwei bis drei Lagen geschweißt. Hier oben zeigen wir Ihnen einen dreilagigen Aufbau, der allerdings in sieben Raupen geschweißt werden muss.

Übungen zu Kehlnähten

Kehlnähte kommen in der Praxis sehr häufig vor und sollten in allen Positionen beherrscht werden.

Einfacher T-Stoß

Bei dieser Übung sollen zwei Bleche rechtwinklig aufeinander stoßen (Kehlnaht). Bei der Vorbereitung müssen Sie darauf achten, dass die Stirnfläche des senkrechten Bleches über die gesamte Länge aufsitzt, ohne dass ein Spalt zu erkennen ist.

Um das zu überprüfen, pressen Sie die Bleche in der entsprechenden Position fest aufeinander und halten sie gegen das Licht. Bei größeren Werkstücken tut es auch eine Taschenlampe. Können Sie noch größere Lichtspalte erkennen, müssen Sie die Bleche nacharbeiten – zum Beispiel durch Feilen oder Schleifen. So verhindern Sie, dass Schweißgut durch den Spalt gedrückt wird, Bindefehler entstehen und das Schmelzbad durchfällt.

Bringen Sie, wenn möglich, die Heftstellen auf der Rückseite der zu schweißenden Kehlnaht an, dann können Sie ein Überschweißen vermeiden.

Muss der T-Stoß beidseitig geschweißt werden, schweißen Sie jeweils an die Heftstelle heran, kurz aufschmelzen lassen und dann schweißen Sie zügig über die Heftung hinweg. Es sollte keine wesentliche Überhöhung der Naht zu sehen sein.

Achten Sie beim Heften auf einen eventuellen Verzug (Winkel überprüfen, Schweißmagnete verwenden).

Beim Schweißen einer Kehlnaht in der Horizontalposition wird die Stabelektrode quer zur Schweißrichtung geneigt. Der Anstellwinkel quer beträgt etwa 45°. Beim senkrechten Blech wird nur die untere Kante aufgeschmolzen. Beim unteren Blech muss eine größere Fläche erwärmt werden. Darum wird der Lichtbogen nicht direkt in die Kehle gerichtet, sondern die Elektrode wird so geführt, dass das untere Blech

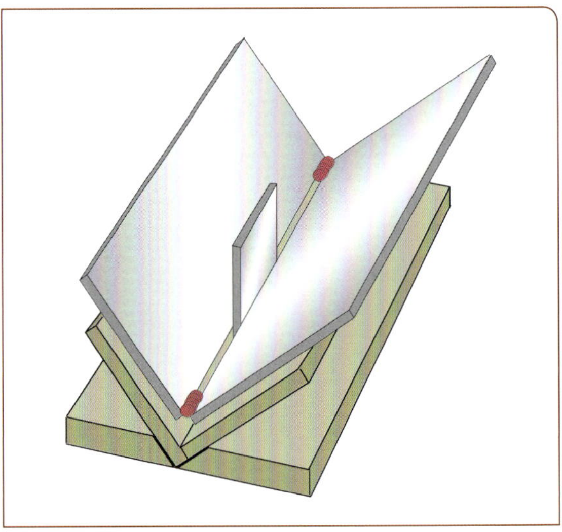

Links: So sieht der fertige T-Stoß aus

Rechts: So wird die Kehlnaht verschweißt

mehr erwärmt wird. Im Idealfall soll die Kehlnaht ein gleichschenkliges Dreieck (Flachnaht) bilden (siehen Abb. links oben).

Eine Kehlnaht am Eckstoß

Zwei Bleche sollen einen 90°-Eckstoß bilden und mit einer Kehlnaht verbunden werden. Um eine ausreichende Wurzelschweißung zu erreichen, sollten Sie einen Spalt von 1 bis 2 mm offen lassen. Bei Blechen bis maximal 3 mm Dicke ist dies nicht zwingend, hier möglicherweise besser den Strom erhöhen, um eine gute Wurzelschweißung zu bekommen (ausprobieren!).

Zum Ausrichten der Bleche brauchen Sie eine Vorrichtung (Winkeleisen, Reststücke von L-Profilen oder Ähnliches). Um den Stegabstand einhalten zu können, wird ein Blechstreifen in der gewählten Dicke als Hilfsmittel benutzt. Das Heften erfolgt am Anfang und am Ende des Werkstückes, je nachdem, wie lang es ist, auch in der Mitte (siehe Abb. rechts oben).

Nach dem Heften wird das Werkstück aus der Vorrichtung genommen und mit der Naht nach oben auf die Werkbank gelegt. Die Naht wird mehrlagig geschweißt. Die Wurzellage wird mit leichten Pendelbewegungen ausgeführt, um ein Durchsacken des Schweißgutes zu verhindern. Achten Sie hier besonders auf die richtige Lichtbogenlänge.

Links unten: Ausrichten und Heften einer Kehlnaht am Eckstoß

Rechts unten: So sieht die geheftete Kehlnaht aus, da es sich hier um ein relativ kleines Werkstück handelt, wurde die Heftung etwas abgeschliffen, um später eine vollkommen gleichmäßige Naht zu erhalten

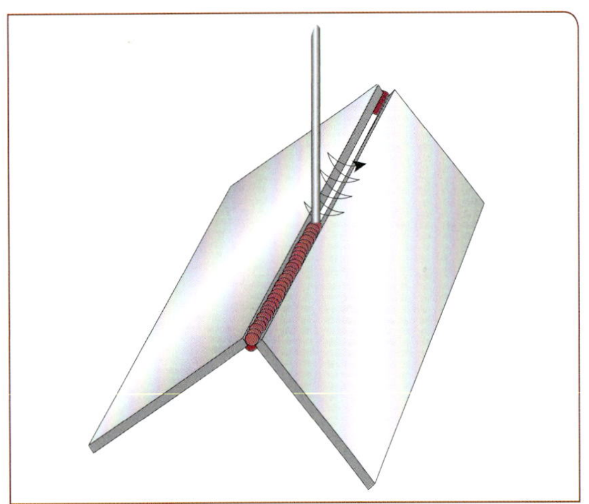

So sieht die fertige Kehlnaht am Eckstoß aus

Für die jeweils nächste Lage muss die vorige Schweißraupe sorgfältig gereinigt werden, auch jede weitere Lage wird in Pendelraupen geschweißt. Benutzen Sie für die Wurzellage eine Elektrode, die grobtropfiger abschmilzt (je dünner die Umhüllung, desto grobtropfiger wird sie (siehe Abb. S. 66 links unten sowie S. 66 rechts unten und S. 67 oben).

Selbstverständlich können Sie alle Schweißnähte, die Sie bisher in Wannenposition (PA) geübt haben auch in allen anderen Lagen ausführen. Vorbereitet und geheftet wird jeweils wieder so, wie Sie es schon geübt haben. Der Raupenverlauf unterscheidet sich allerdings, je nach Lage, von dem in der Wannenposition.

Eine Kehlnaht am T-Stoß in steigender Position

Das Schweißen erfolgt mit unterschiedlichen Pendelraupen (dreieckig, U-förmig), die ein Herablaufen des Schweißgutes verhindern sollen. Der Strom sollte reduziert werden auf circa zwei Drittel bis halb so hoch wie beim Schweißen in PB-Position bei gleicher Materialstärke.

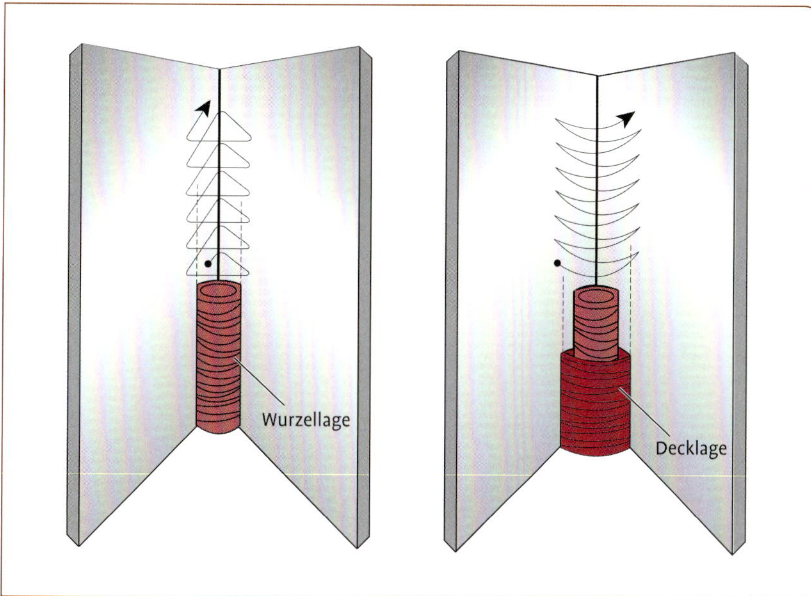

Ausführung einer Kehlnaht am T-Stoß in steigender Position

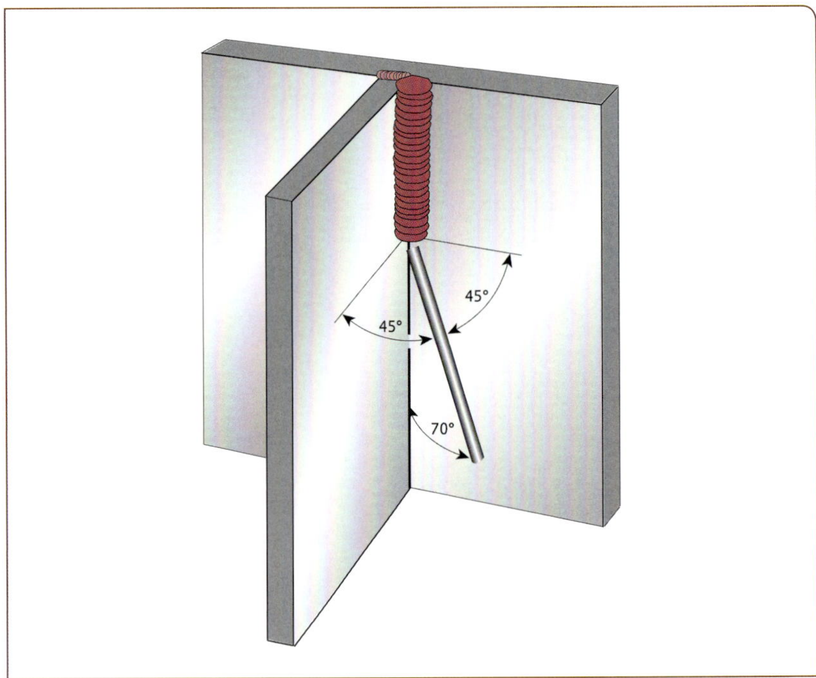

Ausführung einer Kehlnaht am T-Stoß in fallender Position

Eine Kehlnaht am T-Stoß in fallender Position

Die Wurzellage wird als Strichraupe geschweißt, auch alle weiteren Lagen – wenn erforderlich. Bitte achten Sie darauf, dass das Schmelzbad nicht zu groß wird, damit Schlacke und Schweißgut nicht ineinander verlaufen können. Verwenden Sie Elektroden mit geringer Schlackebildung, zum Beispiel Typ RC.

Nicht zu langsam schweißen und ein Vorlaufen des Schweißbades verhindern. Gegebenenfalls muss der Strom erhöht werden, um Bindefehler zu vermeiden.

Eine Kehlnaht am T-Stoß, über Kopf geschweißt

Auch hier werden die Schweißnähte in Strichraupen aufgebaut. Der Lichtbogen sollte so kurz wie möglich gehalten werden, was nun schon einige Übung erfordert. Muss in mehreren Lagen geschweißt werden, ist, ähnlich wie beim Schweißen in Querposition, auf die Reihenfolge der Raupen und den Anstellwinkel der Elektrode zu achten.

Achtung! Hier ganz besonders auf die eigene Sicherheit achten und die komplette Schutzkleidung tragen.

Die verschiedenen Lagen beim T-Stoß über Kopf mit dem entsprechenden Anstellwinkel der Stabelektrode

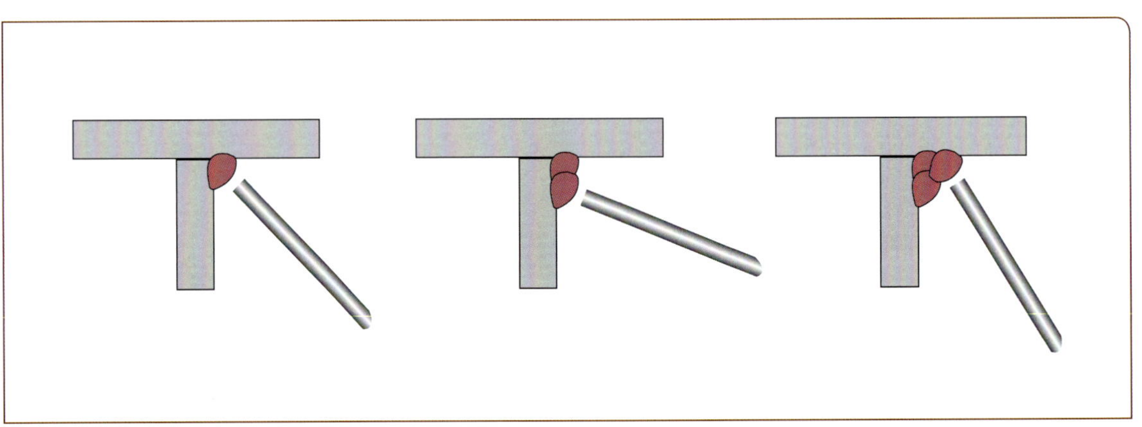

Eine gelungene Schweißnaht über Kopf

Das Schweißen eines Rohranschlusses

Bitte beachten: Hier handelt es sich im Grunde auch um eine Kehlnaht. Sie sollen dabei aber weder Ihren Standort grundlegend verändern noch das Werkstück bewegen (drehen), das wäre ja unter praktischen Umständen auch nicht möglich. Trotzdem sollen Sie einen gleichen Anstellwinkel beibehalten. Darum muss die Stellung der Elektrode dem Werkstück angepasst werden, was nur durch entsprechende Hand- und Armbewegungen erfolgt.

Der Kauf eines Elektroden-Schweißgerätes

Wenn Sie sich zum Kauf eines eigenen Schweißgerätes durchgerungen haben, stellt sich die Frage nach der Qualität. Zum „Basteln“ reicht vielleicht die Anlage aus dem Baumarkt, weil diese billig ist, es nicht so auf eine perfekte Ausführung ankommt und sie seltener genutzt wird. Aber auch da wird Ihnen sicher niemand etwas schenken und jeder hat es schon erlebt: billig kommt oft teurer. Und Frust wegen schlechter Zündeigenschaften oder mangelnder Einstellbarkeit sind ja gerade im Anfangsstadium nicht wirklich förderlich – schließlich weiß man noch nicht, ob es einfach am schlechten Gerät oder an der mangelnden Übung liegt. Gegebenenfalls ist es dann besser, ein bewährtes Gebrauchtgerät zu kaufen.

Zum Arbeiten sind Markengeräte in der Regel sicher besser geeignet. Natürlich macht ein teures Auto noch keinen besseren Autofahrer, um bei dem eingangs gewählten Vergleich zu bleiben, aber ein paar durchdachte technische Details machen das Ganze schon wesentlich einfacher. Vom „Spaß-Faktor“ mal ganz abgesehen.

An einem technischen Detail, das Ihnen die Arbeit mit Sicherheit erleichtern wird, kommen Sie bestimmt nicht vorbei, wenn Sie auch im Freien schweißen müssen. Fakt ist, egal was oder wo Sie schweißen, ohne Strom geht es nicht. Wenn Sie häufig im Freien arbeiten, wie es auf Baustellen, zum Beispiel im Garten- und Landschaftsbau, vorkommt, kann das zu einem Problem werden. Eigentlich möchte man ankommen, einstöpseln und losschweißen. Die Realität sieht allerdings meist anders aus: ankommen und erst einmal einen Stromanschluss suchen oder mit Kabeltrommeln – im schlimmsten Fall mit Verlängerungsschnüren – einen „basteln“ (trotzdem auf ausreichenden Querschnitt der Verlängerung achten!).

Das kostet Zeit – die Schwächung Ihrer Nervenkraft lassen wir mal unberücksichtigt. Besser, Sie kommen gar nicht erst in diese Situation und bringen Ihren

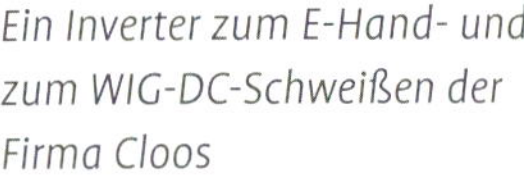

Ein Inverter zum E-Hand- und zum WIG-DC-Schweißen der Firma Cloos

Strom gleich mit. Die Lösung ist ein Akku-Schweißgerät, das nicht nur am Netz, sondern auch mit Akku schweißen kann – bis zu 28 Elektroden mit einer Ladung. So etwas gibt es tatsächlich und es funktioniert sogar mit Backpack. Am besten, Sie lassen sich bei einem kompetenten Fachhändler beraten.

Noch ein Plus für Markengeräte: viele sind sturzgesichert und überleben den freien Fall aus bis zu 80 cm Höhe. Das ist Tischhöhe oder die Ladekante Ihres Transporters. Die Statistik besagt, dass dies einer Anlage etwa viermal im Leben passiert. Es lohnt sich also, darauf zu achten.

Da die „Elektrodenschweißer" sozusagen die Nomaden unter den Schweißern sind, und oft von einer Baustelle zur anderen wandern, kommt es doch auf die Größe an. Auch hier sind die Markengeräte vielen Billiganbietern voraus. Es muss nicht mehr schwerstes Gerät durch die Gegend gewuchtet werden, kleine Inverter-Anlagen mit großer Leistung machen die Arbeit buchstäblich leichter.

Die Suche nach dem Netzanschluss entfällt – einfach das Akkupack MobilePower an die MicorStick 160 „Accu ready" anschließen und mit einer Akku-Ladung bis zu 28 Elektroden verschweißen

Das Metall-Schutzgasschweißen (MSG)

Das Schutzgasschweißen gehört zu den Lichtbogen-Schweißverfahren, ebenso wie das Elektroden-Handschweißen.
Es wird unterteilt in:

- MIG = Metall-Inert-Gas-Schweißen und
- MAG = Metall-Aktiv-Gas-Schweißen.

Diese beiden Verfahren unterschieden sich grundsätzlich nur durch das verwendete Schutzgas und die schweißbaren Materialien.

Für Nichteisenmetalle und deren Legierungen verwendet man das MIG-Schweißen unter Argon, Helium und deren Gemischen. Diese sogenannten inerten Gase sind reaktionsträge und beteiligen sich nicht am Schweißvorgang (reine Schutzgaswirkung).

Für Baustahl, Edelstahl und hochlegierte Stähle arbeitet man mit dem MAG-Verfahren unter Kohlenstoffdioxid (CO_2) oder Mischgasen. Die beim MAG-Schweißen verwendeten Gase nehmen aktiv am Schweißvorgang teil. Durch die Lichtbogenenergie dissoziieren sie (von lateinisch dissociare = trennen) und geben diese Energie bei der Rekombination als zusätzliche Wärme wieder ab.

Dadurch wird das MAG-Schweißen zu einem sehr sicheren Schweißverfahren mit großer Abschmelzleistung und sehr geringer Schlackenbildung. Daneben werden die Rauch- und Schadstoffentwicklung positiv beeinflusst und das Auftreten von Spritzern wird deutlich verringert.

Neben dem MIG-/MAG-Verfahren gibt es noch das WIG = Wolfram-Inert-Gas-Schweißen, auf das wir gesondert eingehen werden.

Sowohl bei Dünnblechen als auch bei dickeren Werkstoffen kann eine gute Schweißnahtqualität erzielt werden

Wissenswertes
Das MIG-/MAG-Schweißen gehört zu den jüngeren Lichtbogen-Schweißverfahren. Es kommt ursprünglich aus den USA, wo es 1948 erstmalig angewendet wurde. Durch die Entwicklung neuer Drahtelektroden war es ab 1953 möglich, anstelle der teuren inerten Edelgase Argon oder Helium auch aktives Gas (Kohlenstoffdioxid und Gemische) zu benutzen.

Als chemisch inert (lateinisch für „untätig, unbeteiligt, träge") bezeichnet man Substanzen, die mit möglichen Reaktionspartnern (z. B. Luft) nicht oder nur in verschwindend geringem Maße reagieren, was an ihren vollständigen Elektronenschalen liegt. Aktiven Elementen fehlt mindestens ein Elektron auf einer Schale, und das Element strebt an, sie durch die Verbindung mit einem anderen Element zu komplettieren.

Sicher ist sicher

Die Schutzkleidung und die allgemeinen Sicherheitshinweise, die Sie schon vom Elektrodenschweißen kennen, gelten auch für das Schutzgas-Schweißverfahren. Der Arbeitsplatz sollte allerdings in jedem Fall über eine Absaugvorrichtung verfügen und abgetrennt sein, denn die für Sie nötige Frischluftzufuhr könnte den Schutzgasmantel ablenken. Aus diesem Grunde ist auch ein Arbeiten im Freien kaum möglich – einer der wenigen Nachteile des Schutzgasschweißens.

Zusätzliche Arbeitsmittel

Auch für das Schutzgasschweißen benötigen Sie ein paar zusätzliche Arbeitsmittel. Einige kennen Sie schon vom Elektrodenschweißen:

- Schweißzange,
- Drahtbürste,
- Seitenschneider zum Abschneiden der Drahtelektrodenenden,
- Trennmittel zum Einsprühen der Gasdüse am Schweißbrenner, um das Anheften von Schweißspritzern zu vermeiden.

Bitte außerdem beachten:

- Das Schlauchpaket muss knickfrei geführt werden, um den kontinuierlichen Drahtvorschub nicht zu behindern.
- Die Gasdüsen sind öfters zu reinigen.
- Der Arbeitsplatz muss vor Zugluft geschützt sein.
- Die zu verbindenden Teile müssen penibel gereinigt sein.

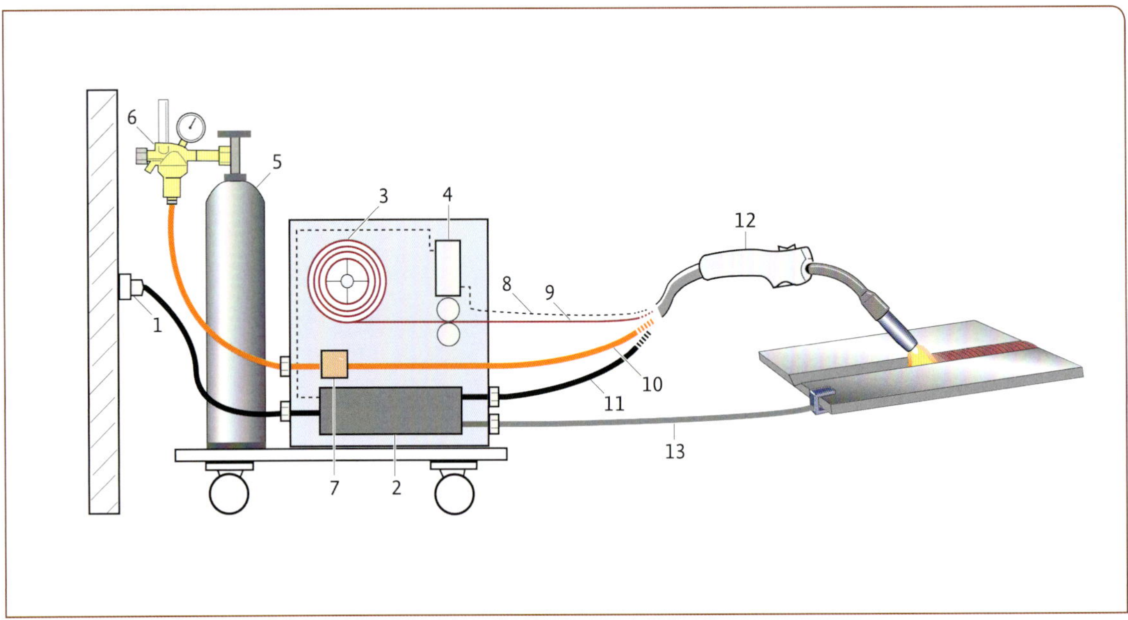

Oben: Der Aufbau einer MSG-Anlage:
1 = Netzanschluss,
2 = Schweißgleichrichter,
3 = Drahtelektrodenspule,
4 = Drahtfördergerät,
5 = Schutzgasflasche,
6 = Druckminderer mit Gasmengenmesser,
7 = Schutzgas-Magnetventil,
8 = Schalterkabel,
9 = Drahtelektrode,
10 = Schutzgasleitung,
11 = Schweißstromleitung,
12 = Schweißbrenner,
13 = Schweißstromrückleitung mit Werkstückklemme

Unten: Der Vorschubraum eines MIG-/MAG-Trafos von der Lorch M-Pro-Serie

MIG-/MAG-Verfahrenswissen

Beim MIG-/MAG-Verfahren brennt der elektrische Lichtbogen zwischen dem abschmelzendem Schweißdraht und dem Werkstück. Dabei ist der Metalldraht nicht nur die stromführende Elektrode, sondern gleichzeitig auch der Schweißzusatzstoff, der nach dem Abschmelzen automatisch nachgeführt wird: Eine Drahtfördereinrichtung zieht die Elektrode gleichmäßig von der Drahtspule ab und schiebt sie über das Schlauchpaket zum Schweißbrenner. Die Fördergeschwindigkeit ist einstellbar von 1 bis 18 m/min und bleibt beim Schweißen konstant.

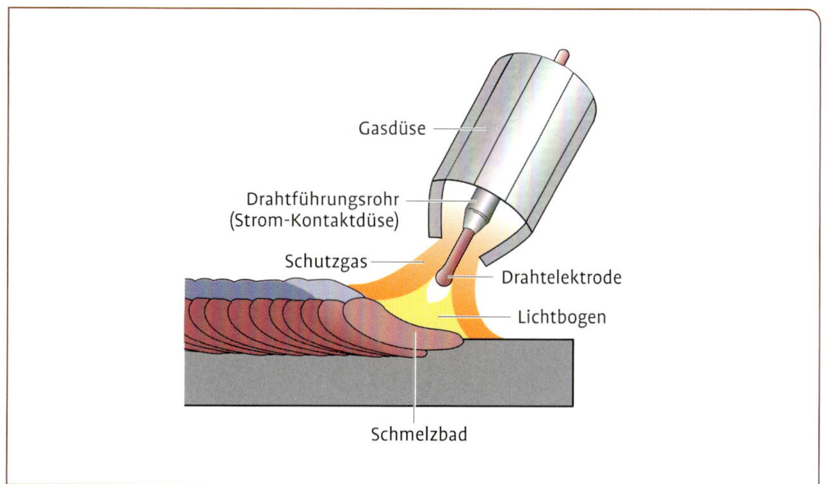

Die schematische Funktion des MIG-/MAG-Brenners

Das separat zugegebene Gas schützt den Lichtbogen und die Schweißzone vor dem Zutritt der Außenluft. Schutzgas und Schweißdraht müssen dem Grundwerkstoff angepasst werden. Die Zufuhr des Schweißgases erfolgt über Gasflaschen. Der hohe Gasdruck im Inneren der Flasche wird durch einen Druckminderer auf einen konstanten Arbeitsdruck herabgesetzt und die benötigte Schutzgasmenge in Liter/Minute eingestellt. Als Startwert sind hier ca. 8 bis 12 l/min angebracht. Lässt sich leichte Zugluft nicht vermeiden, muss der Wert entsprechend nach oben korrigiert werden.

Im Vergleich zum Lichtbogen-Handschweißen ergeben sich deutlich kürzere Schweißzeiten.

Die Wahl der Schweißstromquelle

Die Schweißstromquelle muss den Netzstrom in den geeigneten Schweißstrom umwandeln: Es wird hauptsächlich mit Gleichstrom gearbeitet. Die abschmelzende Drahtelektrode wird dabei positiv gepolt, der Minuspol liegt am Werkstück beziehungsweise der Masseklemme. Die Stromquelle arbeitet mit nahezu konstanter Kennlinie.

Die Höhe der Schweißspannung wird entsprechend der Aufgabe eingestellt. Die Lichtbogenlänge regelt sich automatisch: wird der Lichtbogen kürzer, steigt der Strom an. Es wird mehr Werkstoff von der Drahtelektrode abgeschmolzen und der Lichtbogen wird wieder länger. Dabei ist der Schweißstrom praktisch mit der Drahtfördergeschwindigkeit gekoppelt.

Die Wirkung des elektrischen Stroms

Die Energiequelle für das MSG-Schweißen ist ein Lichtbogen. Er wird durch elektrischen Strom erzeugt, dessen verschiedene Wirkungen dabei genutzt werden.

Wärmewirkung

Es kommt zur Widerstandserwärmung in der Drahtelektrode. Lichtbogenwärme entsteht durch Elektronen- und Ionenbewegungen in der Lichtbogensäule.

Magnetkraftwirkung

Durch die Einschnürwirkung nach innen gerichteter Magnetkräfte kommt es zur Tropfenablösung.

Die Magnetwirkung des Stromes

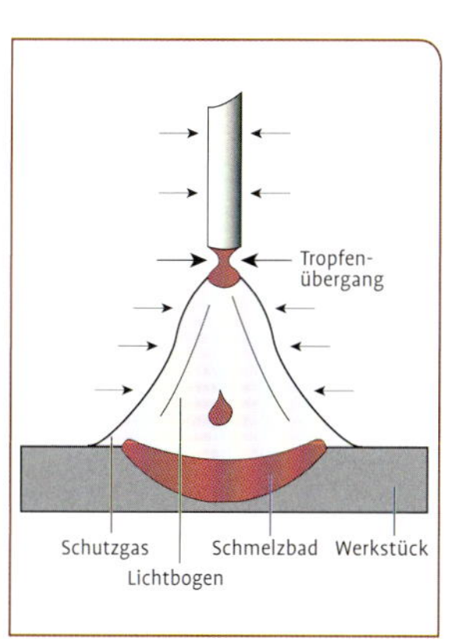

Die Drahtfördereinrichtung

Die Drahtförderrolle muss nach dem Drahtelektrodendurchmesser gewählt werden, da sonst Störungen bei der Drahtförderung auftreten können. Aus diesem Grund sollten die Rollen auch regelmäßig auf Verschleiß überprüft und gegebenenfalls ersetzt werden.

Das Innenleben der Lorch M-Serie mit 2-Rollen-Drahtvorschub

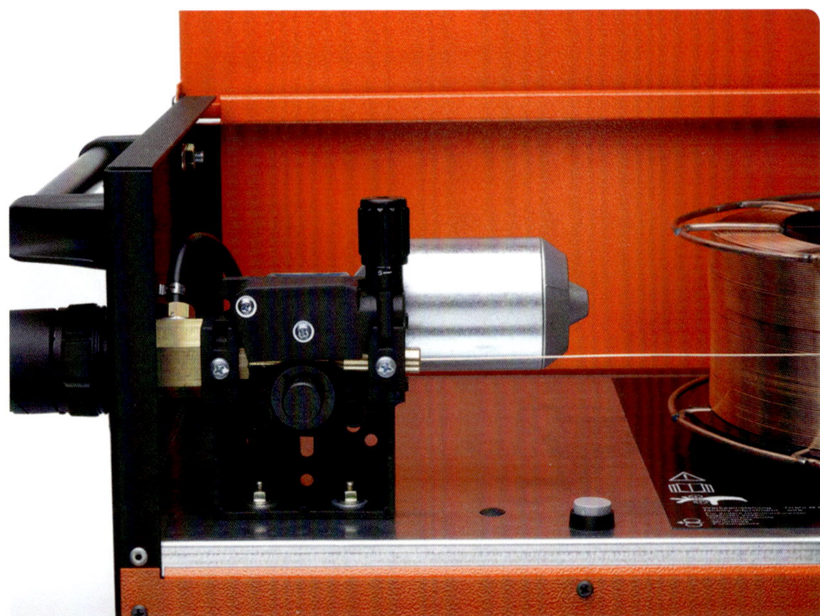

Ein 4-Rollen-Drahtvorschub ist leistungsstärker und kann auch längere Schlauchpaket-Distanzen überbrücken

Die Auswahl der Drahtelektrode

Die abschmelzende Drahtelektrode leitet den Schweißstrom zum Lichtbogen und bildet einen Teil des Schweißbades.
Unter der Lichtbogeneinwirkung ändert sich das Schweißbad durch Gasaufnahme und den Abbrand von Legierungselementen – in Abhängigkeit von Schutzgasart und Schweißdaten. Zum Ausgleich muss die Drahtelektrode so legiert sein, dass die Schweißnaht später ähnliche Eigenschaften aufweist wie der Grundwerkstoff.

Die Auswahl des Drahtelektrodentyps erfolgt nach der Schutzgasart und dem Basismaterial. Die Schweißzusatzwerkstoffe werden dem Basismaterial angepasst, das heißt, Sie wählen grundstoffähnliche oder grundstoffgleiche Drahtelektroden – genau wie beim Elektrodenhandschweißen.

Je höher der Sauerstoffanteil im Schutzgas ist, umso größer muss der Anteil an Silizium und Mangan in der Drahtelektrode sein (Desoxidation des Schweißbades). Die Elektrode wird also auch in Abhängigkeit vom Abbrandverhalten des Schutzgases ausgewählt.

Fülldrahtelektroden

In zunehmendem Maße werden auch Fülldrahtelektroden für das MAG-Verfahren verwendet, da sie viele Vorteile bieten. Sie bestehen aus einem Stahlmantel, der basische oder rutile Füllungen oder Metallpulver enthalten kann. Die Füllung übernimmt ähnliche Aufgaben wie die Umhüllung bei Stabelektroden.
Achtung: Beim Schweißen mit Fülldrahtelektroden muss die Polarität geändert werden: Massekabel = plus, Brenner = minus.

Die Vorteile von Fülldrahtelektroden auf einen Blick:

- größere Lichtbogenstabilität,
- die Möglichkeit Schlacke zu bilden, um das Schweißbad abzudecken,
- Einbringen von Legierungselementen in das Schweißbad,
- größere Abschmelzleistung (der Strom fließt nur im Stahlmantel, nicht im Kern)
- hochwertigere Schweißverbindungen auch an schlecht schweißbaren Werkstoffen möglich,
- Schutz der Schweißnaht vor Oxidation aus der Umgebungsluft durch Gasbildung,
- Verbesserung der Oberfläche.

Der Drahtelektroden-Durchmesser

Die Bestimmung des Drahtelektroden-Durchmessers erfolgt nach der Dicke der Bauteile. Entsprechend wird auch die Stromstärke eingestellt, siehe Tabelle 15.

Tab. 15 Drahtelektroden-Durchmesser und Stromstärke

Nennmaß in mm	**0,8**	**0,9**	**1,0**	**1,2**	**1,4**	**1,6**	**2,0**	**2,4**	
Massivdrahtelektrode	X	X	X	X		X	X	X	
Fülldrahtelektrode			X	X	X	X	X	X	
Werkstückdicke									Stromstärke
bis 3 mm	X	X							bis 140 A
3 bis 7 mm			X	X					bis 220 A
7 bis 15 mm				X	X	X			bis 300 A

Drahtrolle für die Lorch M-Serie

Bezeichnung einer Massivdrahtelektrode nach DIN

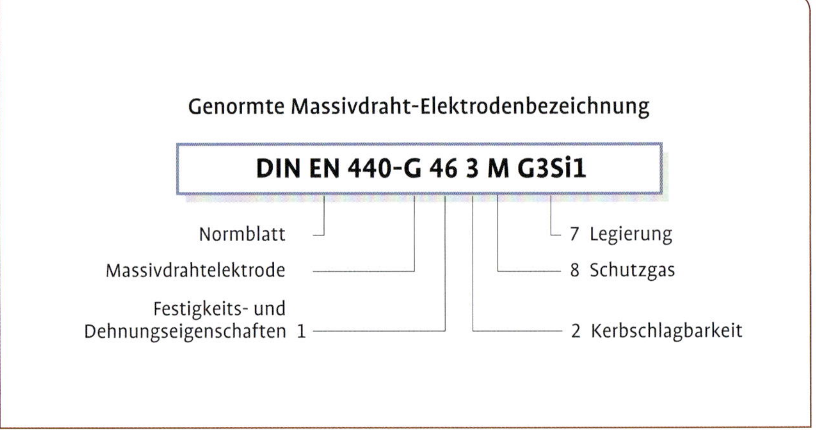

Bezeichnung einer Fülldrahtelektrode nach DIN

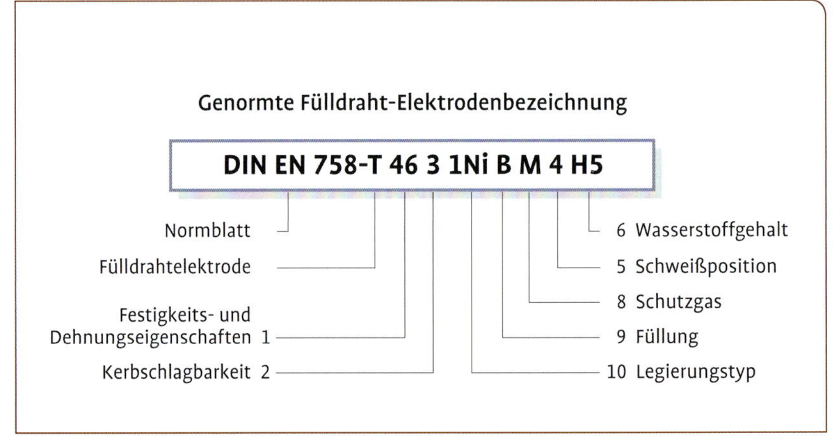

Die Schweißdrähte sind verkupfert, dadurch erreicht man:

- einen besseren Stromübergang,
- eine bessere Gleitfähigkeit in der Drahtvorschubeinrichtung und
- besseren Korrosionsschutz.

Wissenswertes

In den nachfolgenden Tabellen 16 bis 19 erfahren Sie, was sich hinter den Bezeichnungen auf der Massivdraht- beziehungsweise Fülldraht-Elektrode verbirgt (s. linke Seite).

Zu den Bezeichnungen 1, 2, 5 und 6 lesen Sie bitte die Tabellen 5, 6 sowie 9 und 10 auf den Seiten 52 und 53.

Tab. 16 Legierung – 7

Legierung	Chemische Zusammensetzung in %						
	S	Si	Mn	Ni	Mo	Al	Ti + Zr
G0	alle anderen Verbindungen						
G2Si1	0,06 bis 0,14	0,5 bis 0,8	0,9 bis 1,3	0,15	0,15	0,02	0,15
G3Si1 Standard	0,06 bis 0,14	0,7 bis 1,0	1,3 bis 1,6	0,15	0,15	0,02	0,15
G4Si1	0,06 bis 0,14	0,8 bis 1,2	1,6 bis 1,9	0,15	0,15	0,02	0,15
G3Si2	0,06 bis 0,14	1,0 bis 1,3	1,3 bis 1,6	0,15	0,15	0,02	0,15
G2Ti	0,04 bis 0,14	0,4 bis 0,8	0,9 bis 1,4	0,15	0,15	0,05 bis 0,20	0,05 bis 0,20
G3Ni	0,06 bis 0,14	0,5 bis 0,9	1,0 bis 1,6	0,80 bis 1,50	0,15	0,02	0,15
G2Ni2	0,06 bis 0,14	0,4 bis 0,8	0,8 bis 1,4	2,10 bis 2,70	0,15	0,02	0,15
G2 Mo	0,08 bis 0,12	0,3 bis 0,7	0,9 bis 1,3	0,15	0,40 bis 0,60	0,02	0,15
G4 Mo	0,06 bis 0,14	0,5 bis 0,8	1,7 bis 2,1	0,15	0,40 bis 0,60	0,02	0,15
G2Al	0,08 bis 0,14	0,3 bis 0,5	0,9 bis 1,3	0,15	0,15	0,35 bis 0,75	0,15

Tab. 17 Schutzgas – 8

Kennziffer	Schutzgasart
M	Mischgas
C	Kohlendioxid
N	kein Schutzgas notwendig

Tab. 18 Füllung der Fülldrahtelektroden – 9

Kennziffer	Füllung	(S) Einlagen-, (M) Mehrlagen-Schweißen	Schutzgas
R	rutilbasisch	S, M	C, M2 (Ar/CO_2)
P	rutilbasisch	S, M	C, M2 (Ar/CO_2)
B	basisch	S, M	C, M2 (Ar/CO_2)
M	Metallpulver	S, M	C, M2 (Ar/CO_2)
V	rutil oder basisch/ fluorid	S	–
W	basisch/fluorid	S, M	–
Y	basisch/fluorid	S, M	–
S	andere Typen		

Tab. 19 Legierungstyp – 10

Kennziffer	Chemische Zusammensetzung in %		
	Mn	**Mo**	**Ni**
keine	2	–	–
Mo	1,4	0,3 bis 0,6	–
MnMo	1,4 bis 2,0	0,3 bis 0,6	–
1Ni	1,4	–	0,6 bis 1,2
1.5Ni	1,6	–	1,2 bis 1,8
2Ni	1,4	–	1,6 bis 2,6
3Ni	1,4	–	> 2,6 bis 3,8
Mn1Ni	1,4		0,6 bis 1,2
1NiMo	1,4	0,3 bis 0,6	0,6 bis 1,2
Z	jede andere vereinbarte Zusammensetzung		

Das Zünden des Lichtbogens

Durch das Einschalten der Drahtfördereinrichtung wird die Drahtelektrode zum Werkstück geschoben. Beim Berühren entsteht ein Kurzschluss, die Drahtelektrode zündet und der Lichtbogen brennt – ähnlich wie bei der Stabelektrode. Hört sich ganz einfach an? Ist es aber erst nach entsprechender Übung. Also nicht verzweifeln, wenn es nicht gleich klappt!

Die Auswahl des Schutzgases

Das Schutzgas schützt das Schweißbad vor Oxidation aus der Luft. Außerdem beeinflusst es die Vorgänge im Lichtbogen, die Tropfenablösung der Elektrode und die Beschaffenheit der Schweißnaht (Einbrandtiefe, Oberfläche, Schlacke, Spritzer, Poren).

Tab. 20 Zuordnung der Schutzgase zu den Werkstoffen

Werkstoff	Schutzgas
NE-Metalle	Ar, He, Ar/He-Mischgas
Stahl, hochlegiert	Ar/O_2-Mischgas
Stahl, unlegiert und niedrig legiert	Mischgase Ar/CO_2 und Ar/CO_2/O_2
Stahl, unlegiert und niedrig legiert	CO_2

Schutzgase sind geruchlos und ungiftig, können aber die Atemluft verdrängen (Erstickungsgefahr). Sie werden in Stahlflaschen verkauft. Je nach Schweißaufgabe verwendet man drei unterschiedliche Arten von Gasen:

- inerte Gase, die chemisch nicht reagieren, das sind die Edelgase Argon und Helium.
- aktive Gase, vor allem Kohlenstoffdioxid.
- Mischgase, dies sind Gemische aus aktiven und inerten Gasen.

Nichteisenmetalle werden mit dem MIG-Verfahren verschweißt.
Zum Schweißen von verschiedenen Stählen kommt das MAG-Verfahren mit Aktivgasen und Mischgasen zum Einsatz.

Mischgase werden nach ihrer Zusammensetzung in drei Gruppen eingeteilt:

- M1 – Ar/O_2,
- M2 – Ar/CO_2,
- M3 – Ar/CO_2/O_2.

Die Gaseinstellung und -regelung

Die Schutzgasmenge richtet sich nach der Form des Werkstückes beziehungsweise der Art der Schweißnaht:

- Bei Stumpfnähten an Blechen sollten etwa 12 bis 14 l/min eingestellt werden.
- Ecknähte und Rohrstoßnähte brauchen etwa 15 bis 18 l/min.
- Kehlnähte brauchen etwa 11 bis 14 l/min.

Gasflasche zum Schutzgasschweißen; links: Absperrventil der Gasflasche, Mitte: Flaschendruck-Manometer, rechts: Gasmengen-Manometer, unten Mitte: Druckeinstellschraube

Tab. 21 Häufig verwendete Schutzgase zum Schweißen von Baustahl

Einfluss auf	Schutzgas		
	Ar + 18 % CO_2	Ar + 8 % O_2	CO_2
Einbrandtiefe/Einbrandbreite	mittel	mittel	tiefer
Oberflächenrauigkeit	feinschuppig	sehr feinschuppig	grobschuppig
Schlackenbildung	gering	mittel	viel
Spritzerbildung	gering	sehr gering	vermehrt
Porenbildung	gering	mittel	sehr gering

Bei genügendem Gasschutz ist die Schweißnaht porenfrei. Die angegebenen Werte können natürlich nur als Richtwerte gelten! Nach den entsprechenden Übungen im praktischen Teil werden Sie aber selbst herausfinden können, welche Einstellung für Ihre Arbeit die beste ist.

Die Lichtbogenformen (Werkstoffübergang)

Je nach Einstelldaten und Wahl des Schutzgases unterscheidet man verschiedene Lichtbogenformen:
- Langlichtbogen,
- Kurzlichtbogen,
- Sprühlichtbogen,
- Impulslichtbogen (erfordert spezielle Impulsschweißstromquelle).

Sie ergeben unterschiedliche Tropfenübergänge und unterscheiden sich damit auch im Anwendungsbereich. Von der Aufgabe hängt es ab, welche Lichtbogenart Sie wählen.

Tab. 22 Lichtbogenarten (Werkstoffübergang)

	Langlichtbogen	Kurzlichtbogen	Sprühlichtbogen	Impulslichtbogen
Schutzgas	CO_2	Mischgase	Argon oder Argon + CO_2	Argon oder argonreiche Mischgase
Verfahren	MAG	MAG	MIG oder MAG	MIG oder MAG
Tropfenübergang	grob	fein	sehr fein	impulsgesteuert
Stromspannung	180 bis 250 A 24 bis 30 V	10 bis 160 A 14 bis 19 V	180 bis 250 A 24 bis 30 V (auch größere Stromstärken/-spannungen sind möglich)	–
Anwendung	Positionen PA und PB mittlere und dicke Bleche	Dünnbleche, mittlere und dicke Bleche in Zwangslagen	Positionen PA und PB mittlere und dicke Bleche	industriell, Zwangslagen, Dünnbleche

Zu berücksichtigen sind:

- Art des Werkstoffs,
- Dicke des Werkstoffs,
- Art der Naht,
- Schweißposition.

Aufeinander abgestimmt müssen sein:

- Spannung,
- Stromstärke,
- Drahtfördergeschwindigkeit,
- Drahtelektroden-Durchmesser,
- Art des Schutzgase.

Praktische Übungen zum Schutzgasschweißen
Im Nachfolgenden geht es wieder in die Praxis. Probieren Sie die verschiedenen Einstellungen, Nahtformen und Positionen aus, wie Sie es schon beim Elektrodenschweißen geübt haben. Beobachten Sie, was dabei passiert und welchen Nutzen Sie daraus ziehen können.

Einfluss der Schweißparameter

(Parameter = eine in der Technik und im Ingenieurwesen bestimmte Eigenschaft technischer Anlagen oder Komponenten)

Verändern Sie:

- die Einstellungen am Schweißgerät (= Spannung, Drahtfördergeschwindigkeit),
- die Handhabung des Schweißbrenners (= Neigung: parallel oder senkrecht zur Schweißrichtung, Kontaktrohrabstand, Schweißgeschwindigkeit).

Sie beeinflussen damit:

- den Schweißvorgang und
- die Schweißqualität (= Lichtbogenlänge, Schweißnahtprofil, Abschmelzleistung, Entstehen von Fehlern wie Spritzer, Poren, Bindefehler etc.).

Einfluss der Spannung bei gleichbleibender Drahtfördergeschwindigkeit
Die Änderung der Spannung bewirkt eine Änderung der Lichtbogenlänge. Je niedriger die Spannung, desto kürzer der Lichtbogen. Stromstärke und Abschmelzleistung bleiben konstant. Die Naht wird schmaler.

Einfluss der Drahtfördergeschwindigkeit bei gleichbleibender Spannung
Das Erhöhen der Drahtfördergeschwindigkeit (bei gleichbleibender Spannung) bewirkt einen kürzeren Lichtbogen, größere Stromstärke und größere Abschmelzleistung. Der Einbrand wird tiefer, die Nahtüberhöhung größer.

Gleichzeitige Veränderung von Spannung und Drahtfördergeschwindigkeit
Werden Spannung und Drahtfördergeschwindigkeit im gleichen Maße erhöht, vergrößert sich die Abschmelzleistung. Der Lichtbogen bleibt konstant, allerdings wird der Einbrand tiefer, die Naht wird breiter, die Nahtüberhöhung bleibt unverändert.

Rechte Seite:
Die Firma Cloos bietet mit Qineo eine ganze Serie verschiedener Geräte an

Tab. 23 Einfluss der Brennerhaltung bei unveränderter Geräteeinstellung

Brennerhaltung	schleppend	stechend	senkrecht
Einbrand	tiefer	flacher	mittel
Spaltüberbrückung	schlechter	besser	mittel
Spritzerbildung	weniger	vermehrt	mittel
Nahtbreite	schmaler	breiter	mittel

Tab. 24 Einfluss des Kontaktrohrabstandes bei unveränderter Geräteeinstellung

Kontaktrohrabstand	größer	kleiner	mittel (ca. 10 mm)
Widerstandserwärmung	größer	kleiner	mittel
Lichtbogenleistung	kleiner	größer	mittel
Einbrand	flacher	tiefer	mittel
Spritzerbildung	vermehrt	weniger	mittel

Der Kauf einer Schutzgasanlage

Auch hier gilt wieder, es ist alles eine Frage des Preises und wofür das Gerät genutzt werden soll.

Die Vorteile von Markengeräten liegen vor allem in der vereinfachten Bedienung. Bei Geräten mit einer Einstellautomatik stellt man zum Beispiel nur noch Material und Materialstärke ein, den Rest macht die Maschine selbsttätig. Kein Suchen nach der richtigen Stufe, sondern gleich Sehen, dass alle Einstellungen passen. Auch die Drahteinfädelung geht meist bequemer als in Billiggeräten und die Qualität der Drahtvorschubeinheit macht sich beim Schweißen sehr deutlich bemerkbar.

Lassen Sie sich auch hier von einem gut informierten Fachmann – oder natürlich der Fachfrau – beraten und wägen Sie die Vor- und Nachteile verschiedener Anlagen genau ab.

Die Lorch M-Pro-Anlage hat stabile Räder und eine doppelte Gasflaschensicherung

CLOOS

Das Wolfram-Inertgas-Schweißen/ WIG-Verfahren

Das WIG-Verfahren kommt vor allem dann zum Einsatz, wenn ein besonders hoher Anspruch an Güte und Beschaffenheit der Schweißnaht besteht. Da auch der Anspruch an das Können schon recht hoch ist (Zusatzwerkstoffgabe in der einen, Brennerkontrolle in der anderen Hand) gehört diese Aufgabe eher in die Hände erfahrener Schweißer.

WIG-Schweißen wird hauptsächlich im Apparate-, Kessel-, Rohrleitungs- und Behälterbau, auch in der Luft- und Raumfahrt eingesetzt, wo gesteigerte Ansprüche an Nahtqualität und Reinheit bestehen.

Der Brenner beim WIG-Schweißen unterscheidet sich von den Brennern der MIG- und MAG-Verfahren. Die nachfolgende Abbildung zeigt den Unterschied.

WIG-Wissen

Beim WIG-Verfahren brennt der elektrische Lichtbogen zwischen der **nicht** abschmelzenden Wolfram-Elektrode und dem Werkstück. Der Lichtbogen ist sehr intensiv und kann gut geführt werden. Das separat zugeführte Schutzgas (Argon) schützt den Lichtbogen und die Schweißzone vor Oxidation. Falls erforderlich, wird ein Zusatzwerkstoff zugegeben. Beim manuellen Schweißen wird diese Arbeit zweihändig ausgeführt. Mit der einen Hand wird der Schweißzusatz und mit der anderen der Schweißbrenner geführt.

Bei Stahl, Edelstahl, Kupfer und Titan wird mit Gleichstrom geschweißt. Die Elektrode ist am Minuspol angeschlossen und spitz zugeschliffen.

Brennertypen

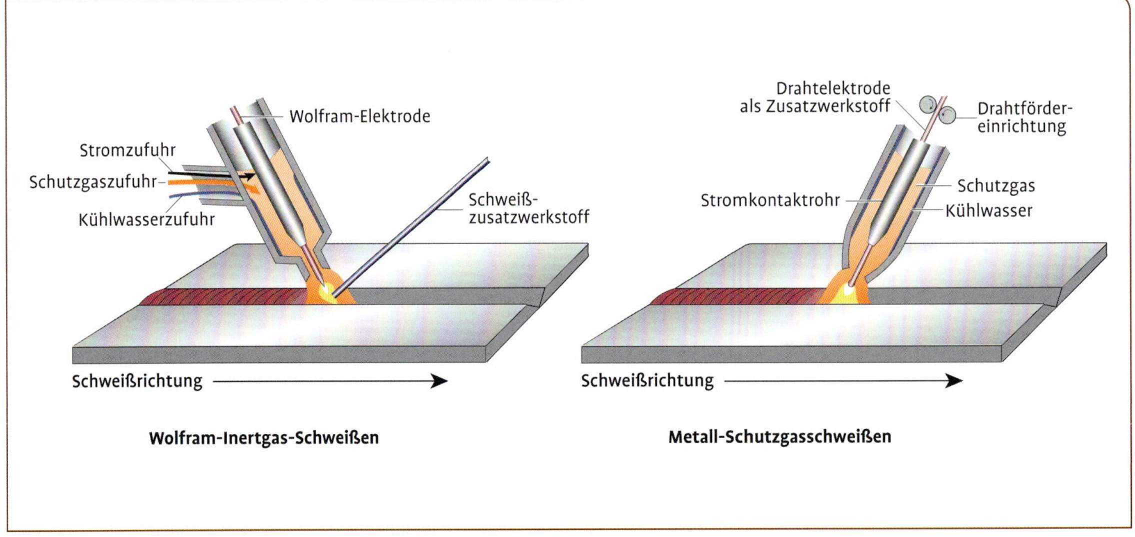

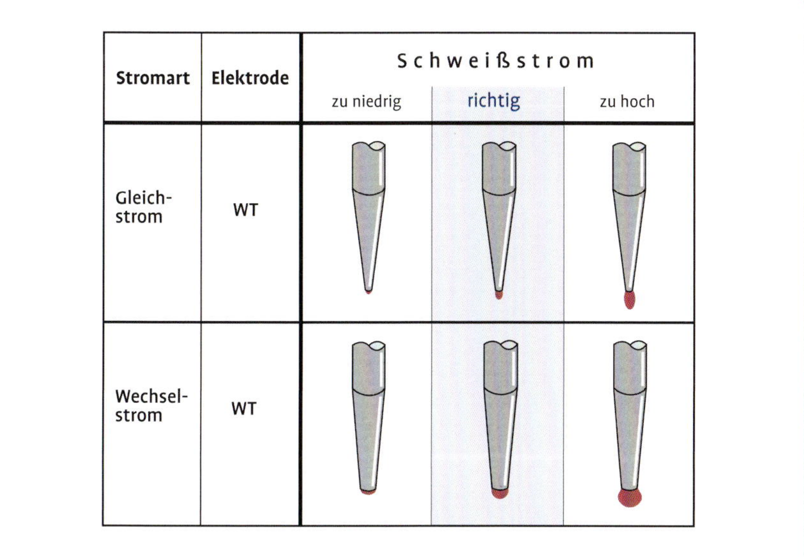

Einfluss des Stromes auf die Elektrodenspitze

Aluminium, Magnesium und deren Legierungen werden mit Wechselstrom geschweißt, um die Oxidhaut aufzureißen. Die Elektrode ist dann stumpf. Beim Schweißen stellt sich eine runde bis „ballige" Form ein.

Wird die Spitze durch Berühren mit dem Schweißstab oder dem Schweißbad verunreinigt, muss dieser Teil der Elektrode vollständig abgeschliffen werden. Die Verunreinigungen schmelzen ab und wirken später in der Schweißnaht wie Kerben.

Beim sachgemäßen WIG-Schweißen (deutlich höhere Ansprüche an Reinheit, Nahtvorbereitung und Fertigkeiten) entstehen saubere Nähte ohne Schlackeneinschlüsse und ohne Nacharbeit.

Bei allen Verfahren beachten – Werkstoff gegebenenfalls vorwärmen!

Beim Schweißen kann es direkt neben der Naht (Wärmeeinflusszone, WEZ) zu einer Aufhärtung des Gefüges kommen. Diese Gefahr ist umso größer, je schneller der heiße Schweißbereich von dem benachbarten kalten Bereich abgekühlt wird. Dies kann die Stabilität der Schweißnaht beeinflussen. Um die Abkühlgeschwindigkeit herabzusetzen, sollten Sie die Bauteile vor dem Schweißen vorwärmen, das geht zum Beispiel mit einem einfachen Gasbrenner oder auch einem Heißluftfön.

Die Vorwärmtemperatur zur Vermeidung von Kaltrissen hängt im Wesentlichen von den Dicken der Bleche, der Wärmeableitung, der Legierung und der Wärmeeinbringung beim Schweißen ab.

Durch das Vorwärmen wird das Werkstück „gedehnt". Bei hohen Vorwärmtemperaturen (300 °C und mehr) reduziert sich die Streckgrenze unter Umständen schon merkbar, Spannungen und Verzug können reduziert werden.

COR-TEN-Stahl – oder Rost macht schön ... haltbar

Der wetterfeste Baustahl – oder besser bekannt als „COR-TEN-Stahl» erfreut sich vor allem im Außenbereich immer größerer Beliebtheit. Dank der edlen Optik und seiner hervorragenden Witterungsbeständigkeit wird er sehr häufig im Garten- und Landschaftsbau eingesetzt.

Im Gegensatz zu einfachen Baustählen erhalten wetterbeständige Baustähle ihre besonderen Eigenschaften durch die gezielte Zugabe von Kupfer, Chrom und gegebenenfalls Nickel (Legierung). Während der unlegierte Baustahl ungehindert abrostet, ist der Korrosionsverlust beim COR-TEN-Stahl begrenzt und das Material wird durch die Abrostung nur etwa 0,05 mm dünner.

Die Ursache der Wetterbeständigkeit liegt in der Ausbildung einer Sperrschicht, die den Grundwerkstoff vor weiterer Abrostung schützt. Das endgültige Ausbilden der Sperrschicht braucht, je nach Bewitterung, etwa 1,5 bis 3 Jahre. Dabei ist der Wechsel trocken – feucht – trocken von elementarer Bedeutung, ohne den die Schutzschichtbildung nicht gewährleistet ist.

In diesem Zeitraum wechselt die charakteristische Patina von hellbraun über braun, braun-violett nach dunkelbraunviolett. Die Metalloberfläche weist dann eine

Die natürliche Patina von COR-TEN-Stahl

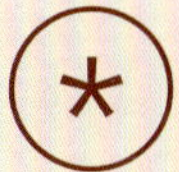

Wissenswertes
Die Entwicklung wetterfester Baustähle geht schon auf die 20er-Jahre des vorigen Jahrhunderts zurück. Die Vereinigten Stahlwerke Düsseldorf brachten unter dem sehr treffenden Markennamen „PATINA" einen Stahlwerkstoff auf den Markt, der sich durch seine Korrosionsbeständigkeit von üblichen Baustählen abhob. Im Amerika der 1930er-Jahre stellte United States Steel den Stahlwerkstoff „COR-TEN" vor, der ebenfalls korrosionsbeständige Eigenschaften aufwies. Die Bezeichnung COR-TEN setzt sich aus den Eigenschaften „CORrosion resistant" und „TENsile strength" zusammen, was zu deutsch einfach „wetterfester Baustahl" heißt. Der Ursprung der eigentlichen Erfindung ist nicht abschließend geklärt. Geschützt ist folglich nur der Name COR-TEN, nicht jedoch das Legierungskonzept. Der Name COR-TEN ist allerdings weit verbreitet und schon beinahe ein Synonym für wetterfesten Baustahl.

narbige Struktur auf, was der Optik einer „natürlichen" Oberfläche nahe kommt, die trotzdem Wind und Wetter Stand hält.

Das Schweißen von COR-TEN-Stahl

Vor dem Schweißen müssen alle vom Schweißvorgang betroffenen Zonen vollständig abgeschliffen werden – das heißt, der Stahl muss wieder metallisch glänzen.

Dann lässt er sich – unter Beachtung der allgemeinen Regeln der Schweißtechnik – sowohl von Hand als auch maschinell schweißen. Um die dem Grundwerkstoff entsprechende mechanische Festigkeit der Nähte zu gewährleisten, müssen vor allem geeignete Zusatzwerkstoffe gewählt werden.

Es werden kalkbasische Elektroden oder Schutzgasschweißdrähte für die jeweiligen Verfahren und Draht-Pulver-Kombinationen der Festigkeitsstufe S 355 eingesetzt. Bei ungeschütztem Einsatz einer Stahlkonstruktion aus wetterfestem Baustahl muss sichergestellt sein, dass auch das Schweißgut wetterfest ist. Das heißt, die Elektroden beziehungsweise der Zusatzwerkstoff müssen hinsichtlich ihrer Legierung auf den Grundwerkstoff abgestimmt sein.

Die Schweißzusätze für die wetterfesten Baustähle vom Typ COR-TEN, sind für die folgenden Verfahren der schweißtechnischen Verarbeitung geeignet: Elektroden, WIG/TIG, MIG/MAG, Fülldraht, UP-Band, Drahtpulver, Lote und Lothilfsmittel.

Bitte beachten:
Bis zur endgültigen Ausbildung der Sperrschicht kann es zu Fleckenbildung auf Wegen oder Plätzen kommen – bei ungünstigen Bedingungen auch darüber hinaus. Vogelkot oder der Urin von Hunden und Katzen können zur einer Säurekorrosion führen. Dabei wird die schützende Rostschicht durch die Säure angegriffen und schließlich zerstört. Auch der Kontakt mit salzhaltigen Lösungen bereitet Probleme (Streusalz), da zum Beispiel Chloride die Sperrschicht beeinträchtigen. Dasselbe gilt für ständige Staunässe.

Korrosionsschutz für Konstruktionen aus Baustahl

Da Baustahl nicht zu den wetterfesten Stählen zählt, müssen Sie ihn vor Rost schützen. Sie haben die Wahl zwischen einer Schutzlackierung (auf die wir im Folgenden näher eingehen werden, da diese selbst ausgeführt werden kann), einer Pulverbeschichtung oder einer galvanischen Behandlung, wie etwa das Verzinken.

Das Lackieren von Baustahlkonstruktionen

Grundsätzlich müssen die zu lackierenden Flächen fettfrei, sauber und trocken sein. Oberflächlichenschmutz entfernen Sie zunächst mit Wasser und Bürsten, dann am besten mit Universalverdünnung nachreinigen. Alte Lackschichten oder Rost müssen Sie ebenfalls gründlich entfernen, durch Schleifen, zum Beispiel mit der Bohr-

So sieht zum Beispiel ein fertig lackierter Schweißtisch aus, hier mit zusätzlichen Verstrebungen für mehr Stabilität (vor allem bei dünneren Rohren wichtig); siehe Bauanleitung ab Seite 98

maschine und einem Drahtbürstenvorsatz, oder durch Abkratzen mit einer Drahtbürste oder einem Spachtel. Bei tieferen Rostschäden sollten Sie zusätzlich Rostumwandler auf die entsprechenden Stellen auftragen.

Nach der Reinigung empfiehlt sich eine Rostschutzgrundierung. Dann folgt eine Schicht Vorlack und abschließend der Decklack. Zum Streichen von Stahl dürfen Sie nur dafür geeignete Lacke und Grundierungen verwenden. Jede Schicht gut trocknen lassen, dann zügig lackieren, um Ansätze oder „Laufnasen“ zu vermeiden.

Verzinkter Stahl

Das Verzinken ist eine der besten Methoden, um Stahlkonstruktionen wetterfest zu machen. Hierfür gibt es spezielle Betriebe. Wichtig: Lassen Sie die Werkstücke **nach** dem Schweißen verzinken, um keine Angriffspunkte mehr für Rost zu haben. Verzinkter Stahl muss nicht gestrichen werden. Möchten Sie das trotzdem tun, weil Sie eine bestimmte Farben wünschen, dann gehen Sie folgendermaßen vor.

Frisch feuerverzinkter Stahl muss vor dem Auftragen eines geeigneten Haftgrundes gründlich gereinigt werden. Dafür gibt es spezielle Zinkreiniger. Haben Sie größere Flächen, dann lohnt es sich, einen Reiniger selbst herzustellen. Mischen Sie 10 l Wasser mit 0,5 l Ammoniaklösung (25 %iger Salmiakgeist) und etwa 10 ml Spülmittel. Reiben Sie das Metallstück gründlich ab, am besten mit einem festen Schwamm – Handschuhe tragen nicht vergessen.

Alte feuerverzinkte Oberflächen müssen vor dem Streichen nur von Staub und Schmutz gereinigt werden, dafür reicht einfaches Wasser, eventuell mit etwas Haushaltsreiniger, dann allerdings klar nachreinigen. Nicht anschleifen, damit könnten Sie die Schutzschicht zerstören.

Nach der Reinigung tragen Sie eine Grundierung auf und lassen diese gut durchtrocknen. Anschließend kommt der Decklack in ein bis zwei Schichten darüber, je nach gewünschtem Endresultat. Grundierung und Decklack sollten aufeinander abgestimmt und speziell für verzinkten Stahl geeignet sein.

Es gibt auch Produkte, die Haftgrund und Decklack in einem sind; haltbarer sind in jedem Fall die „getrennten" Produkte.

Nichteisenmetalle (NE-Metalle)

Natürlich können Sie auch NE-Metalle streichen, denn auch sie können im Außenbereich korrodieren. NE-Metalle sind in der Regel eher weiche Metalle, darum sollten Sie Oxidationen nur mit einem sehr feinen Schleifpapier oder Schleifvlies entfernen, das heißt Körnung feiner als 320, gegebenenfalls vorher und nachher entfetten. Lackieren Sie dann am besten im Zweischichtverfahren: erst Haftgrund, dann den Decklack, wie beim Stahl beschrieben.

Bitte beachten Sie immer die Sicherheitshinweise der Hersteller auf der Packungsrückseite!

Fehler an Schweißverbindungen und deren Abhilfe

Trotz aller Sorgfalt kann es beim Schweißen zu Fehlern kommen. Die nachfolgende Tabelle hilft Ihnen, diese zu erkennen, die Fehlerursachen zu ermitteln und zeigt, was Sie tun können, um die entsprechenden Fehler zu vermeiden.

Grundsätzlich teilt man Fehler an Schweißverbindungen in fertigungsbedingte und werkstoffbedingte Fehler ein. Die fertigungsbedingten Fehler sind mit etwas Übung zu vermeiden – ebenso Heiß- und Kaltrisse. Hohlräume im Schweißgut erkennt man leider erst beim Schweißen. Dagegen ist der beste Schweißer machtlos.

Einteilung von Schweißfehlern

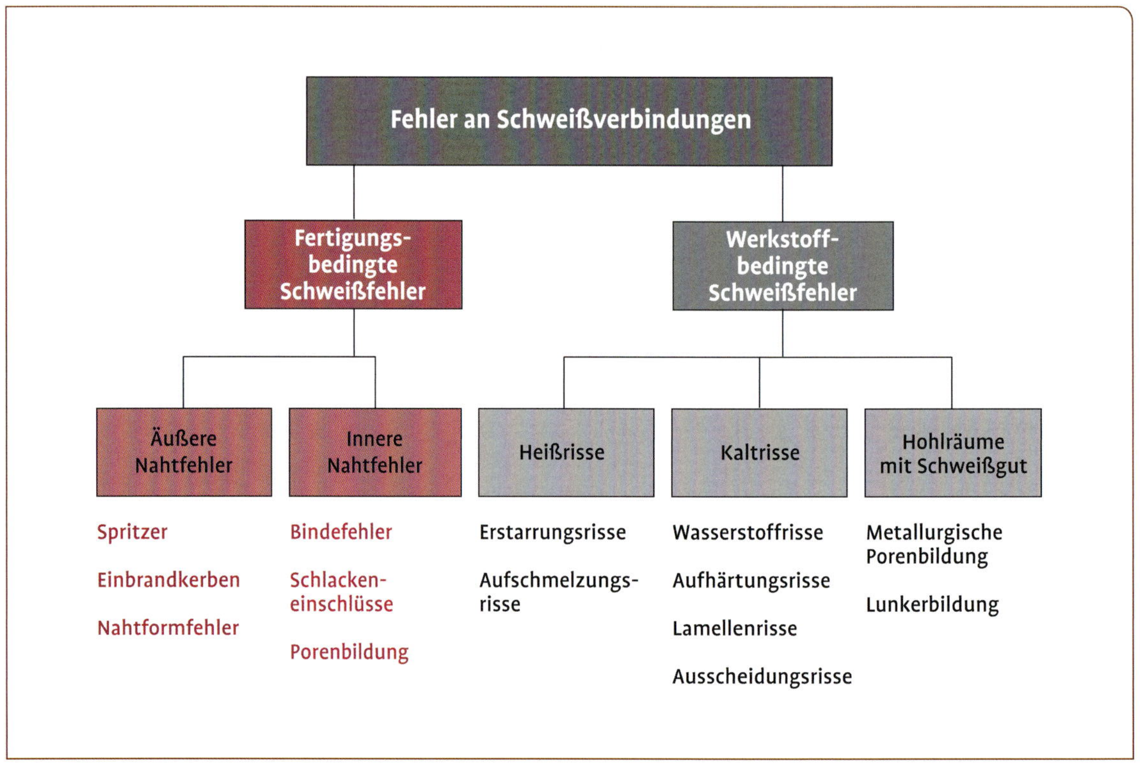

Fehler an Schweißverbindungen und Möglichkeiten der Abhilfe		
	Mögliche Ursache	**Abhilfe**
Äußere Nahtfehler		
Absackendes, durchfallendes Schmelzbad	• falscher Elektrodenwinkel, • zu großer Wärmeeintrag, • zu großes Schmelzbad, • zu hohe Spannung	• Elektrodenwinkel entgegen der Absackrichtung korrigieren, • Wärmeeintrag verringern, • Schweißspannung und damit Schmelzbadgröße reduzieren
Schweißspritzer	• zu hoher Schweißstrom, • zu langer Lichtbogen, • falsche Polarität, Blaswirkung, • ungenügende Schutzgasabdeckung, • verunreinigtes Basismaterial	• Stromstärke verringern, • Lichtbogenlänge verringern, • Schweißgerät auf richtige Polarität für gewählte Elektrode prüfen, • Art des Schutzgases und Schutzgasfluss überprüfen, • Elektrode nicht zu stark stechend halten, • Basismaterial entfetten und metallisch blank schleifen
Einbrandkerbe	• zu hohe Schweißspannung, • zu langer Lichtbogen, • falscher Elektrodenwinkel, • zu großer Elektrodendurchmesser im Verhältnis zur Blechdicke, • zu hohes Schweißtempo	• Spannung verringern, • Lichtbogen verkürzen, • Elektrode ca. 45° gegenüber der Senkrechten anstellen, • leicht schleppend schweißen, • kleineren Elektrodendurchmesser wählen, • Schweißtempo verringern
Nahtformfehler		
Unsymmetrische Naht	• falscher Anstellwinkel der Elektrode, • zu großes Schweißbad • Blaswirkung • Lichtbogen zu lang	• Winkel anpassen, • Schweißleistung verringern, • Masseklemme umsetzen, • kürzerer Lichtbogen
Nahtüberhöhung	• zu großer Elektrodendurchmesser, • Schweißtempo zu gering	• geeigneten Elektrodendurchmesser auswählen, • Schweißtempo erhöhen

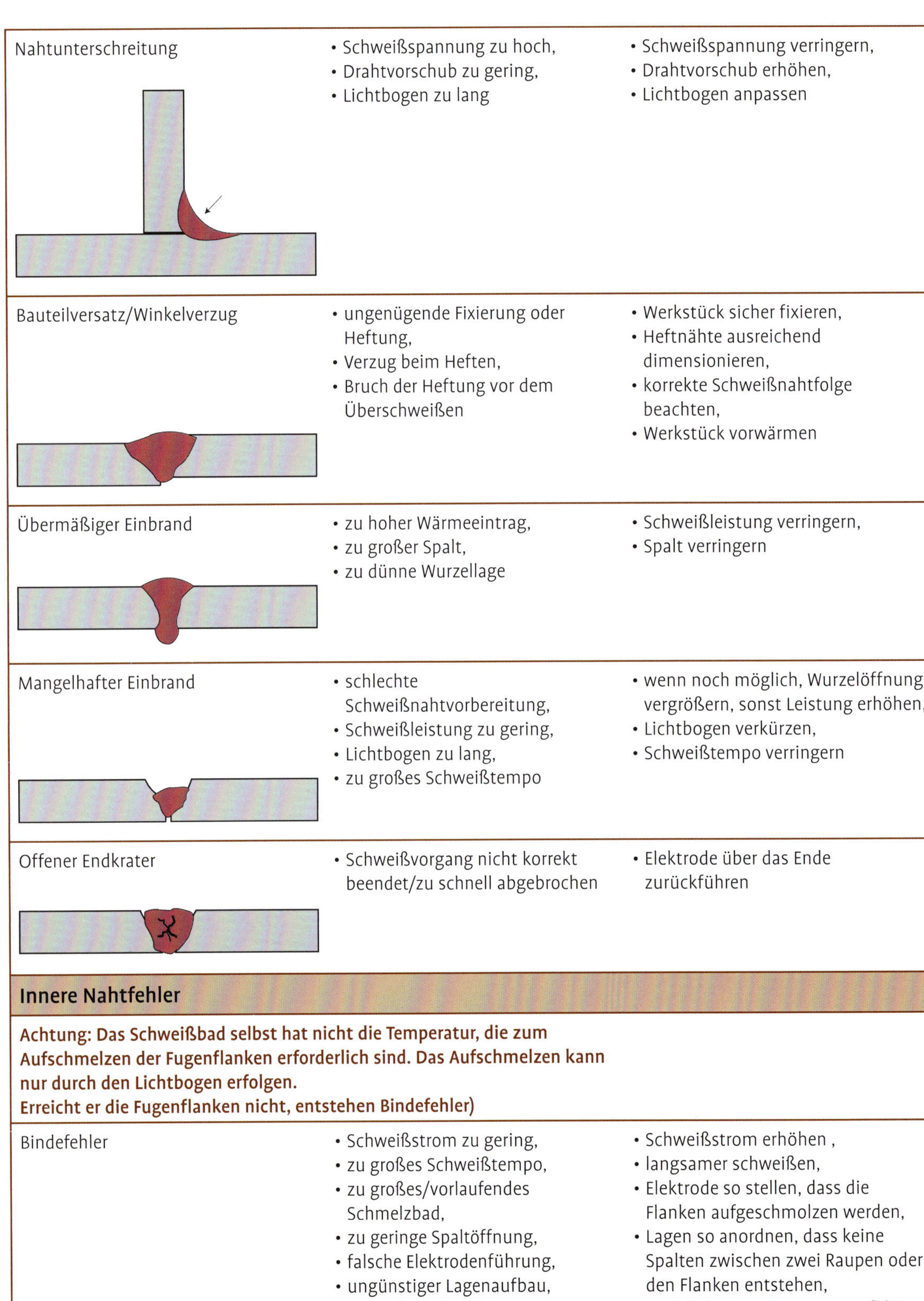

Nahtunterschreitung	• Schweißspannung zu hoch, • Drahtvorschub zu gering, • Lichtbogen zu lang	• Schweißspannung verringern, • Drahtvorschub erhöhen, • Lichtbogen anpassen
Bauteilversatz/Winkelverzug	• ungenügende Fixierung oder Heftung, • Verzug beim Heften, • Bruch der Heftung vor dem Überschweißen	• Werkstück sicher fixieren, • Heftnähte ausreichend dimensionieren, • korrekte Schweißnahtfolge beachten, • Werkstück vorwärmen
Übermäßiger Einbrand	• zu hoher Wärmeeintrag, • zu großer Spalt, • zu dünne Wurzellage	• Schweißleistung verringern, • Spalt verringern
Mangelhafter Einbrand	• schlechte Schweißnahtvorbereitung, • Schweißleistung zu gering, • Lichtbogen zu lang, • zu großes Schweißtempo	• wenn noch möglich, Wurzelöffnung vergrößern, sonst Leistung erhöhen, • Lichtbogen verkürzen, • Schweißtempo verringern
Offener Endkrater	• Schweißvorgang nicht korrekt beendet/zu schnell abgebrochen	• Elektrode über das Ende zurückführen
Innere Nahtfehler		
Achtung: Das Schweißbad selbst hat nicht die Temperatur, die zum Aufschmelzen der Fugenflanken erforderlich sind. Das Aufschmelzen kann nur durch den Lichtbogen erfolgen. Erreicht er die Fugenflanken nicht, entstehen Bindefehler)		
Bindefehler	• Schweißstrom zu gering, • zu großes Schweißtempo, • zu großes/vorlaufendes Schmelzbad, • zu geringe Spaltöffnung, • falsche Elektrodenführung, • ungünstiger Lagenaufbau, • ungenügende Reinigung der einzelnen Lagen	• Schweißstrom erhöhen , • langsamer schweißen, • Elektrode so stellen, dass die Flanken aufgeschmolzen werden, • Lagen so anordnen, dass keine Spalten zwischen zwei Raupen oder den Flanken entstehen, • nach jeder Lage Raupen sorgfältig säubern

Wurzelbindefehler	• mangelnde Nahtvorbereitung, • Elektrodendurchmesser zu groß, • zu hohes Schweißtempo, • ungünstiger Elektrodenwinkel, • mangelnder Schweißstrom	• passenden Elektrodendurchmesser wählen, • langsamer schweißen, • Pendelraupen ausführen, • Anstellwinkel anpassen, • Schweißstrom erhöhen, • gegebenenfalls mit breiteren Wurzelspalten arbeiten
Schlackeneinschlüsse  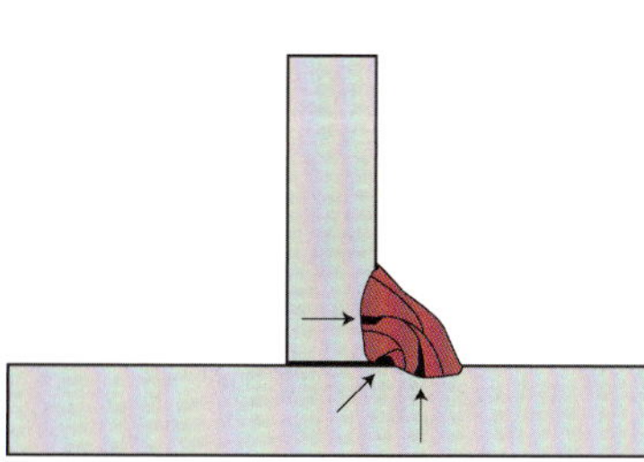	• vorlaufende Schlacke, • ungenügendes Entfernen der Schlacke bei mehreren Lagen, • ungünstiger Lagenaufbau, • Stromstärke zu gering, • Lichtbogen zu lang, • falsche Elektrode , • ungünstiger Anstellwinkel der Elektrode	• Schweißtempo erhöhen, • Anstellwinkel der Elektrode verändern, • sorgfältiges Entfernen der Schlacke, • Spannung erhöhen, • gegebenenfalls Schweißstrom erhöhen, • mit Strichraupentechnik arbeiten, • Lagenaufbau überprüfen • trockene Elektroden verwenden
Porenbildung	 • in das flüssige Schweißgut gelangt Feuchtigkeit, • mangelhafte Nahtvorbereitung, • Schutzgasabdeckung zu groß oder zu gering (Zugluft), • überschweißen zu enger und luftgefüllter Spalten	• Schutzgas überprüfen und gegebenenfalls neue Gasflasche anschließen, • Nahtflächen reinigen und trocknen, • Art des Schutzgases und Fluss überprüfen, • Schweißstelle abschirmen, • Schweißspalt gegebenenfalls vergrößern
Werkstoffverursachte Fehler 		
Aufschmelzungsriss 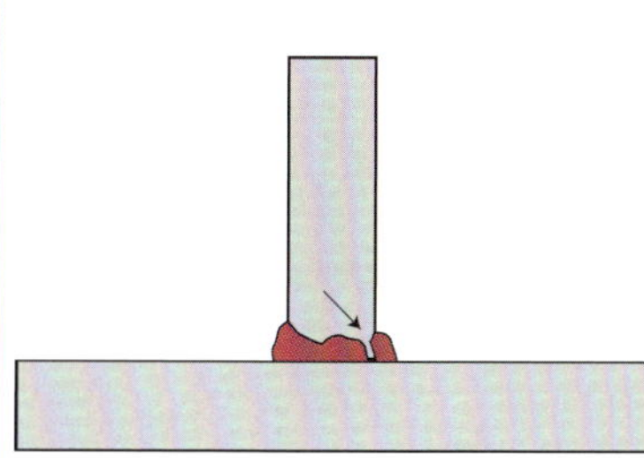	• der Grundwerkstoff neigt zum Aufhärten (durch hohen Kohlenstoffgehalt oder andere Legierungselemente), • zu schnelles Abkühlen in der Wärmeeinflusszone, • Wasserstoff in der Schweißverbindung (z. B. durch Feuchtigkeit, falsche oder feuchte Schweißzusätze)	• anderen Werkstoff wählen, • wenn nicht möglich, vorwärmen beziehungsweise verzögert abkühlen (z. B. durch Nachwärmen)
Erstarrungsriss 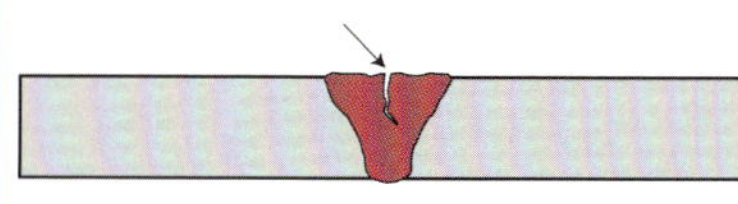	• Bildung von niedrig schmelzenden Phasen in der Schweißnaht – meist aus dem Grundwerkstoff, • ungünstiger Nahtaufbau (Breite, Tiefe zu schmal), • Schmelzbad zu groß, • Schweißgeschwindigkeit zu groß	• anderen Werkstoff wählen, • wenn nicht möglich, Öffnungswinkel vergrößern, Schweißstrom verringern, kleineren Elektrodendurchmesser wählen, Strichraupentechnik anwenden, Schweißgeschwindigkeit verringern

Praktischer Teil mit Bauanleitungen

Wenn Sie es nun leid sind, immer nur irgendwelche Bleche „zusammenzubrutzeln", dann versuchen Sie sich doch einmal an „abstrakter Kunst". Sicher haben Sie inzwischen genug Reste, die sich sehr gut dafür eignen. Auch alte Schrauben, Muttern, Bolzen, alles was Sie finden können, selbst Scheren, verrostete Sägen, Scharniere, Töpfe, Rohre, Zahnräder ... –lassen Sie sich von allem inspirieren und fragen Sie auch einmal bei Freunden oder Bekannten nach.

Ansonsten werden Sie bestimmt auf einem Schrottplatz oder beim Alteisenhändler fündig. Der eine oder andere fährt mit seinem Transporter zum Sammeln durch die Straßen – einfach nachfragen, zumindest das kostet nichts.

Schweißen Sie alles fantasievoll zusammen, ein „richtig oder falsch" gibt es nicht. Auch „Roboter" oder Fantasietiere lassen sich leicht herstellen.

Aber Vorsicht – Suchtgefahr ☺

In jedem Fall werden Sie das Schweißen in verschiedenen Positionen und verschiedene Nahtformen üben (müssen) und sich anschließend auch noch über Ihr Werk freuen können.

Ein ganz einfaches Fantasie-Tier macht schon etwas her

Ein Pelikan aus vielen verschiedenen Teilen ist schon ein richtiges Kunstwerk

Wenn Sie keinen Rost mögen, dann überziehen Sie die Teile mit Klarlack oder Buntlack (nur Mut ...) ansonsten, einfach abwarten, was das Wetter aus Ihrem Werk macht. Aber Achtung: Rost macht Flecken auf allen Steinen, die sich nur schwer entfernen lassen (im Zweifelsfall hilft verdünnte Oxalsäure). Soll also eine Skulptur auf einem Platz oder Weg stehen, besser mit Lack versiegeln – das geht natürlich auch noch, nachdem das Ganze eine schöne Patina angesetzt hat. In diesem Fall sollten Sie aber vorher noch einmal mit der Drahtbürste alle losen Teile entfernen.

Anders als bei COR-TEN-Stahl stoppt der Prozess des Rostens nicht beim einfachen Baustahl. Es dauert zwar eine Weile, aber irgendwann rostet das eine oder andere Teil einfach ab.

Tipp für den Garten- und Landschaftsbau:
Gut gelungene kleine Werke als Gartenstecker auf Stangen oder größere auf einen Sockel schweißen und als Gartenobjekte anbieten. Hier dann aber in jedem Fall vor Rost schützen.

Genug geübt?
Wenn Sie der Meinung sind, nun wirklich genug geübt zu haben, dann muss endlich der professionelle Schweißtisch her!

Ein stabiler, rollbarer Schweißtisch

Material

- Insgesamt ca. 10 m Stahlrohre (je nach Verstrebung) – verwenden Sie idealerweise Quadratrohr (z. B. 40 × 40 × 2 mm oder besser 40 × 40 × 3 mm),
- 8 Muttern M16 oder M20,
- 1 m Gewindestange M16 oder M20, passend zu den Muttern,
- 4 Schrauben oder Gewindesenkschrauben samt Muttern zur Befestigung der Arbeitsplatte,
- 4 kleine, trapezförmige Stahlplatten (ca. 100 × 40 mm),
- 4 Schwerlastlenkrollen mit Bremse (Traglast ca. 150 kg pro Rolle),
- 4 Stahlplatten mit den Maßen des Grundrahmenmaterials (z. B. 40 × 40 mm),
- 4 Stahlplatten in der Größe der Montageplatten der Rollen,
- 16× Gewindeschrauben und 16× Muttern sowie Unterlegscheiben zur Befestigung der Rollen an der Höhenverstellung,
- 1 Auflageplatte, Maße zum Beispiel 1200 × 600 mm (die Maße in Länge und Breite sind natürlich variabel und brauchen dann gegebenenfalls Verstrebungen), als Übergangslösung kann notfalls auch eine Küchenarbeitsplatte (38 mm) dienen – sie ist stabil und günstig, allerdings nicht feuerfest und darum muss sie mit einem Stahlblech (mindestens 3 mm) abgedeckt werden – auf längere Sicht sollte aber in jedem Fall eine massive Stahlplatte eingeplant werden (mindestens 10 mm!) – leider teuer und sehr schwer (Transport),
- Korrosionsschutzlack.

Bauanleitung

Erstellen Sie eine Skizze des zu fertigenden Grundrahmens und tragen Sie die wichtigsten Maße ein. Ausgehend von einer Tischplatte der Maße 1200 × 600 mm belassen Sie an jeder Seite einen Überstand von ca. 50 mm zum Gestell. Dadurch ergibt sich die Möglichkeit, Klemmzwingen randnah einzusetzen, Halterungen in die Platte zu schrauben oder Ähnliches.

Das Gestell sollte also 1100 mm Breite und 500 mm Tiefe messen. Die minimale Arbeitshöhe des Tisches sollte zwischen 800 und 900 mm liegen, nach oben lässt sich die Arbeitshöhe durch eine Höhenverstellung anpassen. Beachten Sie dabei sowohl die Höhe der Lenkrollen samt Befestigungseinheit (Mutter, Gewindestange, Montageplatte), als auch die Höhe der Arbeitsplatte!

Verwerfen Sie den Gedanken, alte, verbogene Rohre aus dem Gartenhäuschen zu verwenden und arbeiten Sie besser mit sauberen und geraden Quadratrohren aus dem Stahlhandel. Sie erleichtern sich damit Ihre Arbeit immens. Grundsätzlich gibt es für den Aufbau zwei Möglichkeiten.

Variante A

Hier wird das Gestell stumpf verschweißt. Beachten Sie, dass jeweils zwei Rohre offen bleiben. Das bietet zusätzlichen Stauraum für lange Gegenstände, ist in korrosiver Hinsicht aber von Nachteil.

Schneiden Sie zwei Stahlrohre der Länge 1100 mm und zwei weitere der Länge 460 mm mit rechtwinkligen Schnitten zurecht. Positionieren Sie die Zuschnitte in einem Rechteck, sodass die Breite 1100 mm und die Tiefe 500 mm ergibt. Die aufeinandertreffenden Kanten müssen von Rost, Fett und wenn möglich auch der Zunderschicht befreit werden (z. B. mit Schleifteller und Winkelschleifer). Setzen Sie Heftstellen und berücksichtigen Sie den Verzug der Heftstellen und Schweißnähte. Gegebenenfalls nutzen Sie hierzu bereits die spätere Arbeitsplatte.

Verschweißen Sie das Rechteck auf einer ebenen Platte.

Links: Schwerlastlenkrollen mit Bremse und Gewindestange

Rechts: Hier wurden die Rohre auf Gehrung geschnitten und verschweißt

Kontrollieren Sie nach dem Heften die Rechtwinkligkeit mit einem 90°-Winkeleisen. Verschleifen Sie anschließend die Nähte, sodass die Arbeitsplatte plan auf dem rechteckigen Rahmen aufliegt. Sie können das Rechteck nach Ihren Anforderungen wahlweise mit weiteren Streben versehen und zusätzlich stabilisieren.

Schneiden Sie nun vier Rohre der gewünschten Länge als Beine zurecht. Ziehen Sie von der Wunschhöhe (800 mm) des Arbeitstisches die Höhe der Rollen (= ca. 180 mm), die Höhe der Rohre (= ca. 40 mm), die Höhe zweier großer Muttern (ca. 30 mm) und die Höhe der Arbeitsplatte (ca. 40 mm) ab. Sie sollten bei ca. 510 mm Höhe ankommen.

Positionieren Sie die Beine im rechten Winkel zum soeben geschweißten Rechteck. Hierbei sind gute Magnetschweißwinkel eine große Hilfe!

Messen Sie penibel die Abstände an den freistehenden Enden und heften Sie die Beine fest. Heften Sie nun Streben zwischen die Beine, sodass der entstandene Quader zu einer Seite hin offen ist. So bleibt Ihnen die Möglichkeit, vor dem Tisch zu sitzen oder weitere Gegenstände zu verstauen. Die Streben sollen so zwischen die Beine geheftet werden, dass diese nach unten vorerst offen bleiben. Dazu schneiden Sie ein langes Rohr mit 1020 mm Länge und zwei kurze Rohre mit 420 mm Länge zurecht. Sind alle Maße und Winkel korrekt, verschweißen Sie die bisher nur gehefteten Beine und Verstrebungen.

Variante B

Hier wird das Gestell mit auf Gehrung geschnittenen Rohren verschweißt. Wichtig sind präzise zugeschnittene Rohre, da anderenfalls Spalten entstehen, die die Qualität der Schweißnähte erheblich behindern. Prinzipiell verfahren Sie wie bei Variante A, allerdings müssen Sie die ersten vier Rohre hinsichtlich der Maße abändern. Schneiden Sie dazu zwei Rohre mit 1100 mm und zwei weitere mit 500 mm, abzüglich einer geringen Toleranz von ca. 1 mm (also ca. 499 mm) Länge ab. Markieren Sie anschließend mithilfe eines Gradmessers oder einer Schmiege Schnitte im 45°-Winkel. Die Länge an der langen Seite darf dabei nicht verändert werden. Positionieren Sie die zurechtgeschnittenen Rohre nun in einem Rechteck, sodass dessen Maße 1100 × 500 mm betragen. Verschweißen Sie das Rechteck und verschleifen Sie die Nähte. Verfahren Sie danach wie bei Variante A.

Die Rollen

Teilen Sie die Gewindestange in vier gleich lange Stücke mit je 333 mm Länge. Entfernen Sie von vier großen Gewindemuttern eine eventuelle Zinkbeschichtung.

Schneiden Sie vier Stahlplatten mit den Maßen der verwendeten Rohre zurecht (hier also 40 × 40 mm). Bohren Sie zentrisch jeweils ein großes Loch, mindestens mit dem Durchmesser der verwendeten Gewindestangen für die Höhenverstellung

Links: Für die Höhenverstellung schweißen Sie eine entsprechende Mutter an das Gestell

Rechts: Schweißwinkel

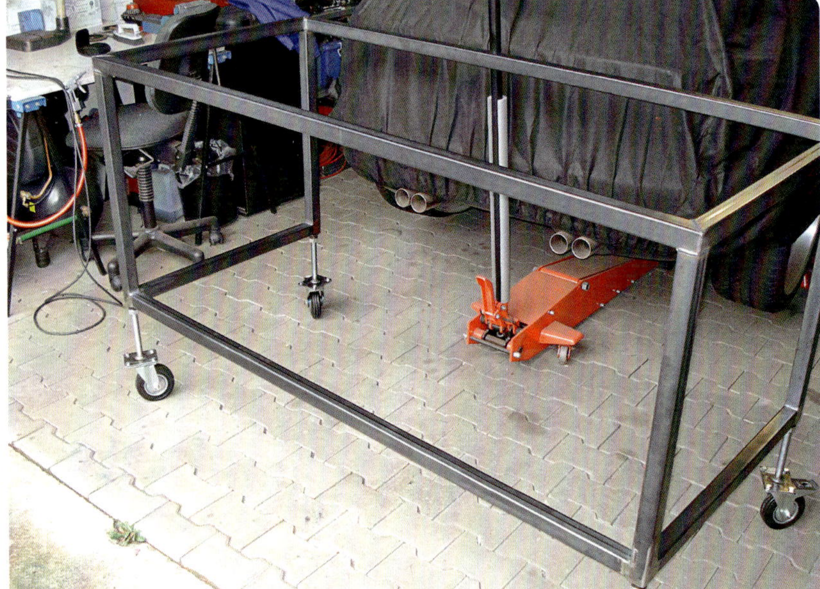

Der Tisch ist höhenverstellbar und durch die stabilen Rollen recht beweglich

(hier M20, also 20 mm). Nehmen Sie jeweils eine Mutter und ein Stück Gewindestange und schrauben Sie die Mutter auf die Gewindestange. Stecken Sie die Gewindestange nun durch die Bohrung der Stahlplatte (auf diese Weise gehen Sie sicher, dass die Mutter zentriert auf der Stahlplatte sitzt), sodass sie die Mutter auf der Stahlplatte festschweißen können. Benetzen Sie die Gewindegänge der Mutter idealerweise mit etwas Schweißtrennspray, um ein Anhaften von Schweißspritzern zu vermeiden (siehe Abb. oben links und rechts).

Auf die offenen Enden der Beine schweißen Sie nun die Stahlplatten samt der Muttern.

Schneiden Sie vier Stahlplatten mit den Maßen der Grundplatte der Lenkrollen zurecht und bohren Sie dazu passend ein Lochmuster, sodass später die Lenkrollen mit diesen Stahlplatten verschraubt werden können. Positionieren Sie die zurechtgeschnittenen Gewindestangenstücke rechtwinklig in die Mitte der Stahlplatten. Jetzt verschweißen Sie die Gewindestange mit der Stahlplatte. Achten Sie darauf, eine eventuelle Verzinkung der Gewindestange im Schweißbereich zu entfernen!

Schrauben Sie die Lenkrollen an die Stahlplatten mit den Gewindestangen. Schrauben Sie auf die Gewindestange die vier übrigen Muttern. Drehen Sie die Gewindestangen anschließend in den Grundrahmen des Arbeitstisches. Der Grundrahmen ist nun fahrbar. Durch die vier Muttern können Sie die Lenkrollen kontern, sodass sich die Höhe nicht ändert.

Die Arbeitsplatte
Zur Befestigung der Arbeitsplatte bleiben Ihnen verschiedene Möglichkeiten. Wir empfehlen, in die Ecken des Grundrahmens bündig vier kleine Stahlplättchen, die mit einer Bohrung versehen sind, zu schweißen, sodass die Arbeitsplatte mit Schrauben direkt von unten befestigt werden kann. Besser noch ist eine Verbindung mit vier Gewindesenkschrauben. Legen Sie die Arbeitsplatte dazu zentriert auf die Oberseite des Grundrahmens (Überstände beachten!) und bohren Sie von unten durch die Stahlplättchen und die Arbeitsplatte hindurch. Senken Sie nun die Bohrungen auf der Oberseite der Arbeitsplatte an, sodass vier Gewindesenkschrauben bündig eingelassen werden können. Die Arbeitsplatte wird nun mit dem Grundrahmen verschraubt. Auf diese Weise kann auch die dünne Stahlplatte, welche auf die Küchenarbeitsplatte gelegt wird, befestigt werden. Wie gesagt, als Übergangslösung durchaus akzeptabel.

Versehen Sie sämtliche metallisch blanken Teile – außer der Arbeitsplatte und der blanken Gewindegänge – mit einem Korrosionsschutz, zum Beispiel einer Lackierung.

Kleiner Zaun für einen Vorgarten

Aus unterschiedlichen Rohrabschnitten entsteht ein kleiner Zaun, zum Beispiel für den Vorgarten, der gleichzeitig trennt und Blickfang ist.

Material
Stahlrohre in verschiedenen Durchmessern, Menge je nach Länge und Höhe des Zaunes.

Ebenso einfach wie wirkungsvoll, ein kleiner Zaun aus Rohrabschnitten

Links: Vorschlag für die Gestaltung eines einfachen Rankgerüstes – natürlich sind Ihrer eigenen Fantasie kaum Grenzen bei der Formgebung gesetzt

Rechts: Kleines Rankgerüst, erst in Form gebogen, dann geschweißt – die mittlere Blattrippe ist dicker (6 mm), um gleichzeitig als Stab zum Einstecken in die Erde zu dienen

Bauanleitung

Rohrabschnitte in verschiedenen Durchmessern aber gleicher Länge zurechtschneiden und wie ein Puzzle zusammenschweißen. Legen Sie sich die Teile am besten auf dem Boden aus, um eine passende Verteilung ohne Lücken zu finden.

Verankert wird der Zaun mit angeschweißten Baustahlstäben. Soll er länger oder höher werden, empfiehlt es sich, ihn an einigen Stellen in Punktfundamente einzulassen.

Rankgerüst/Sichtschutz

Als Erstes sollten Sie sich eine kleine Projektzeichnung anfertigen, in der Sie Maße und Form festlegen. Auch wenn Sie der Meinung sind, für ein Rankgerüst sei dies nicht nötig, machen Sie es trotzdem, das wird Ihnen später bei komplizierteren Projekten helfen.

Material

Am besten geeignet sind Rundstäbe (6 mm). Eine günstige Variante ist Betonstahl (6 bis 8 mm), den man auch in 1,5 m langen Stücken bekommt.

Bauanleitung

Die Stäbe gemäß der Projektzeichnung zuschneiden. Das geht eventuell auch mit einem Bolzenschneider, sonst die Stichsäge oder die Flex benutzen. Zur Festlegung der Form die Stäbe nacheinander, der Zeichnung entsprechend, auf den Boden legen und zur Fixierung heften. Dann durchschweißen, gegebenenfalls auch von der anderen Seite.

Polieren geht mit dem Drahtbürstenaufsatz der Bohrmaschine am schnellsten, anschließend klar oder farbig lackieren. Zur Befestigung Distanzhülsen an jede Ecke schweißen und an der Wand verschrauben.

Bei der Form sind der Fantasie keine Grenzen gesetzt. Mit Stellfüßen wird daraus ein mobiler Sichtschutz für die Terrasse.

Wenn Sie dünnere Stäbe verwenden, können Sie diese auch biegen und zum Beispiel Blattformen herstellen, die direkt ins Beet gesteckt werden können.

Dazu zunächst die gewünschte (Blatt-)Form (oval, herzförmig, rund etc.) biegen. Auch hier hilft wieder eine Zeichnung, damit der Draht nachher nicht zu kurz gerät. „Blattrippen" nach eigenen Vorstellungen einschweißen, die „Hauptrippe" ist gleichzeitig der Steckstab.

Tipp für den Garten- und Landschaftsbau

Aus Baustahlmatten lassen sich interessante „Ranktürme" herstellen, die vor allem auch in kleineren Gärten echte Blickfänger sind.

Wählen Sie Matten mit möglichst kleinen Gitterabständen und nicht dicker als 6 mm Stabdurchmesser. Schneiden Sie die Matten in der gewünschten Breite und Höhe zu (1800 mm plus ca. 400 mm zum Verankern im Boden sollten nicht überschritten werden, 300 bis 400 mm im Quadrat, je nachdem, was gepflanzt werden soll), die unteren Querstreben bis auf die Eckstäbe herausschneiden (ca. 400 mm, siehe oben), um den Turm später in die Erde stecken zu können. Fixieren Sie jeweils zwei Teile mit dem Schweißwinkel und heften Sie diese an einigen Stellen. Dann alle Teile zusammenschweißen, polieren und farbig streichen.

Mehrere dieser Türme nebeneinander ergeben einen ungewöhnlichen Sichtschutz beziehungsweise Zaun – in gleichen oder unterschiedlichen Höhen und Farben. In kleinen Gruppen ergeben sie einen ungewöhnlichen Blickfang in Pflanz- oder Rasenflächen. Die (Rank-)Pflanzen stehen am besten innen.

So könnte ein Rankturm aus Baustahlmatten gefertigt werden

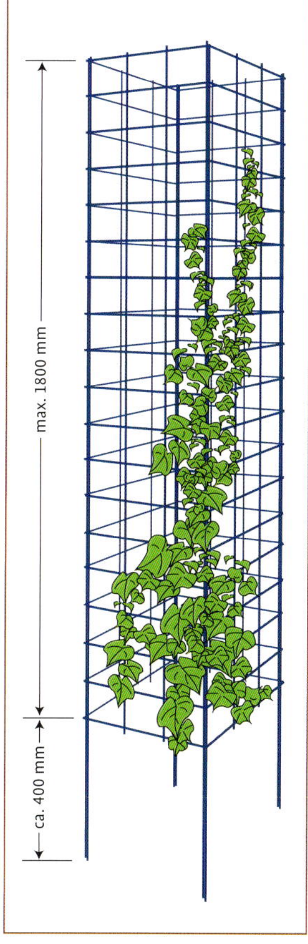

Sollen die Kübel als Dekoration auf einer Terrasse stehen, besser mit Klarlack versiegeln

Verschiedene Pflanzkübel

Als erstes wieder eine Projektzeichnung anfertigen wie im Kapitel „Messen und Anreißen" beschrieben. Hier legen Sie jetzt auch die Maße fest, nach denen Sie das Material beschaffen.

Sie können die Kübel mit leicht schrägen Wänden planen, dann sind sie aus „Trapezen" aufgebaut, oder sie können wie ein Würfel mit geraden Wänden geformt sein. Wenn Sie mehrere Kübel nebeneinander stellen möchten, bietet sich die Würfelform an.

Material

Ca. 2 bis 3 mm starke Bleche, je nachdem, wie groß der jeweilige Kübel werden soll (je größer, desto dicker das Blech).

Wählen Sie einfache Stahlbleche oder solche aus COR-TEN- beziehungsweise wetterfestem Stahl in entsprechender Größe. Außerdem benötigen Sie Flacheisen, ca. 30 mm breit und 3 mm dick.

Bauanleitung

Die Form der Seitenteile auf dem Blech anreißen und mit der Stich-/Handsäge ausschneiden. Mit der Feile glätten.

Je zwei Seiten mit magnetischen Schweißwinkeln in Position bringen, heften und schweißen. Dann diese „zwei mal zwei" Wände wieder mit Schweißwinkeln zusammenhalten und den Kübel komplett zusammenschweißen. Immer beachten: Das Blech muss an den Schweißnähten rost- und fettfrei sein!

Unter den Kübel schweißen Sie aus passend zurechtgeschnittenen Flacheisen ein „X" unter die Seitenteile. Auf diesem kann der Pflanzentopf später stehen. An die Ecken können Sie Kugeln oder kurze Vierkantrohrstücke (Reste) als Füße anschweißen, damit das Gießwasser gut abfließen kann.

Das „Innenleben“ besteht am einfachsten aus einem fertigen eckigen Blumentopf (vorher die entsprechenden Maße nehmen und den oberen Rand abschneiden), der Kübel wird sozusagen „drumherum“ gebaut. Eine billigere Variante sind eckige Speiskübel, die man auch entsprechend zuschneiden und wieder zusammenschrauben kann, sie müssen ja nicht wasserdicht sein (verzinkte Schrauben und Muttern wählen).

Wenn Sie wetterfesten Stahl verwenden, können Sie natürlich auch direkt in den Kübel pflanzen. Dafür braucht er dann einen Boden, in den Sie einige Löcher bohren, um überschüssiges Wasser abfließen zu lassen. Muss allerdings einmal eine Pflanze ausgetauscht werden, ist das in jedem Fall einfacher machbar, wenn sie in einem separaten Kübel steht (hierfür kann man auch schon Löcher im Innentopf vorsehen – mit angeklebten Unterlegscheiben verstärken – und ihn später mit entsprechenden Haken vorsichtig herausziehen).

Tipp für den Garten- und Landschaftsbau

Aus solchen Kübeln kann man ein sehr attraktives und leicht herzustellendes Hochbeet anfertigen, wie es heute oft in neuen Gärten gewünscht wird. Einfach mehrere kubische Kübel in verschiedenen Höhen herstellen, vorher vor Ort die Maße des fertigen Hochbeetes festlegen. Hierzu am besten COR-TEN-Stahl für die Kübel verwenden, da sich das Material sehr schön in eine Bepflanzung einfügt. Das Boden-X und die Füße entfallen hier.

Bevor Sie die Kübel aufstellen, den Erdboden glätten und eine Sandschicht oder noch besser Kies aufbringen, damit im Bereich der Kübel keine Staunässe entsteht.

So ein Hochbeet ist ebenso nützlich wie schön

Farbig lackiert sind solche Kübel ein echter Hingucker in jedem Garten – entweder auf die Bepflanzung oder die Möblierung abgestimmt oder ganz bewusst als andersfarbiger Akzent eingesetzt

Wasser im Garten ist auch auf kleinem Raum möglich

Kleines Wasserbecken

Nach dem gleichen Prinzip kann auch ein kleines Wasserbecken gefertigt werden. Die Bleche sollten dann allerdings ein Stärke von mindestens 5 mm haben und das Becken darf nicht zu hoch sein, der Wasserdruck könnte es sonst „ausbeulen".

Ein Boden ist hier nicht zwingend. Hilfreich ist allerdings wieder ein eingeschweißtes „X", da das Wasser, auch bei Verwendung von COR-TEN-Stahl, sicherheitshalber in einen separaten Speiskübel gefüllt werden sollte. Es gibt sie ja in den unterschiedlichsten Größen. Hierfür den Rand des Kübels in Höhe des Beckens abschneiden und das Wasser bis etwa 1 cm unter den Rand einfüllen.

Ist ein längeres Becken geplant, kann man auch zwei Kübel nebeneinander in das Becken stellen (vorher Maße beachten). Der Übergang fällt kaum auf, man kann ihn auch mit Wasserpflanzen kaschieren.

Tipp für den Garten- und Landschaftsbau

Dieses Becken sollte in einer Pflanzfläche stehen, um Rostflecken zu vermeiden. Eine Mini-Teichrose oder ein Wasserspiel können die kleine aber feine Anlage ergänzen.

Treppengeländer/Handlauf

Im Folgenden soll ein Geländer an eine bereits bestehende Stein-Treppe gebaut werden.

Machen Sie zunächst wieder eine Projektzeichnung, nach der sich die Menge an Material richtet, die Sie benötigen. Ob eckig oder rund – das ist Geschmackssache, der Handlauf allerdings sollte rund sein, das ist angenehmer.

Material

Stärke für die Holme ca. 30 mm, für den Handlauf ca. 40 mm. Eine angenehme Höhe für den Handlauf sind etwa 900 mm – diese setzen sich zusammen aus:

- ca. 5 mm Flanschhöhe,
- ca. 50 mm Zwischenstück,
- ca. 40 mm Handlauf und
- ca. 805 mm Länge für die Holme.

Bauanleitung

Am einfachsten ist es, pro Stufe einen Holm einzuplanen.
Als Erstes schweißen Sie unter jeden Holm einen Flansch, um ihn später an der Stufe befestigen zu können. Es gibt sie fertig zu kaufen. Möchten Sie ihn selber herstellen, schneiden Sie dazu ein quadratisches Stück zu (ca. 5 mm Dicke und rundum mindestens 20 mm breiter als der Holm, damit Sie später mit dem Akku-Schrauber leicht drankommen). Die entsprechenden Löcher vor dem Anschweißen bohren und gegebenenfalls zur Aufnahme der Schrauben entsprechend ansenken.

Befestigen Sie nun jeweils einen Holm an jeder Stufe mit Dübeln und Schrauben. In den meisten Fällen gibt es für die gewählten Rohre passende Abschlüsse zu kaufen, ansonsten müssen Sie diese passend zuschneiden. Da der Handlauf darauf befestigt wird, sollten Sie ca. 5 mm Dicke einplanen.

Damit das Geländer „leichter" wirkt und der runde Handlauf einfacher zu befestigen ist, schweißen Sie nun einen Metallstab darauf, ca. 10 × 50 mm. Darauf wird dann der Handlauf geschweißt. Auch hierfür gibt es passende Abschlüsse.

Wenn Sie möchten, können Sie jetzt ein bis zwei Flacheisen als Querstreben dagegen schweißen, um die Treppe, zum Beispiel für Kinder, sicherer zu machen.

Nun das Ganze polieren (vor allem die Nähte) und klar oder farbig lackieren.

Möchten Sie ein verzinktes Geländer, müssen Sie es komplett zusammengeschweißt zum Verzinken geben und erst danach montieren.

Tipp für den Garten- und Landschaftsbau

Nicht ganz perfekt geratene Nähte werden durch farbigen Lack gut abgedeckt.

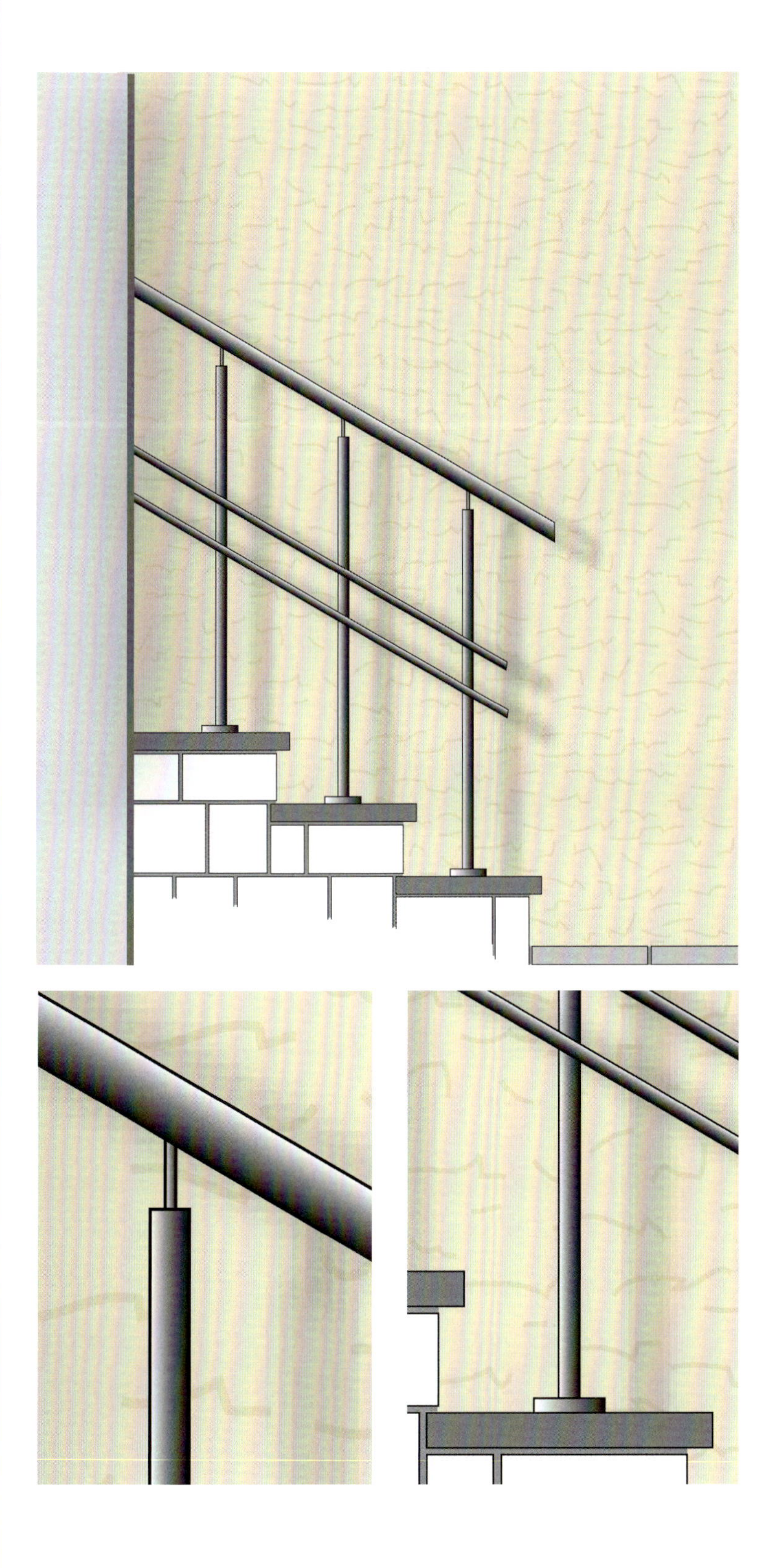

Ein einfaches Geländer für eine kleine Treppe

Hier noch einmal der Handlauf sowie der Flansch und die Streben des Geländers im Detail

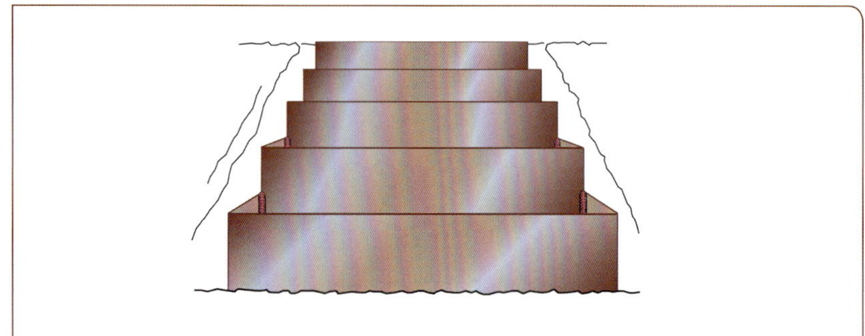

Rechte Seite: Höhenunterschiede im Garten werden durch Treppen begehbar und ermöglichen ganz neue Ausblicke

Kleinere Treppen sollen gerade aufgebaut werden

COR-TEN-Stahl-Treppe für einen Garten

Eine Treppe aus COR-TEN-Stahl mit Kiesbelag ist eine sehr reizvolle Alternative zu gewöhnlichen Holz- oder Steintreppen, vor allem, wenn sie nicht gerade, sondern abgewinkelt angelegt wird (siehe Foto).

In diesem Fall sind natürlich die gegebenen Voraussetzungen im Gelände zu beachten, denn danach richtet sich der Materialbedarf.

Hier reicht es auch nicht, nur eine Projektzeichnung für den Stahlzuschnitt anzufertigen, sondern es muss ein Gesamtplan für die Anlage erstellt werden. Für den Garten- und Landschaftsbauer sicher kein Problem, alle anderen müssen sorgfältig planen, messen und übertragen.

Material

Der Stahl für die Treppe sollte 6 mm dick und ca. 350 mm hoch sein, da er in ein Punktfundament eingelassen werden muss. Den Materialbedarf errechnen Sie bitte anhand Ihrer Zeichnung.

Bauanleitung

Schneiden Sie die Längen zu und schweißen Sie die Ecken als Kehlnaht am Eckstoß aneinander. Nahtbereiche sorgfältig reinigen und das Heften nicht vergessen.
Das Stufenmaß kann nach der sogenannten Bequemlichkeitsregel ermittelt werden:
Auftritt – Steigung = 120 mm.
Zum Beispiel 290 mm Auftritt minus 170 mm Steigung/Höhe = 120 mm.

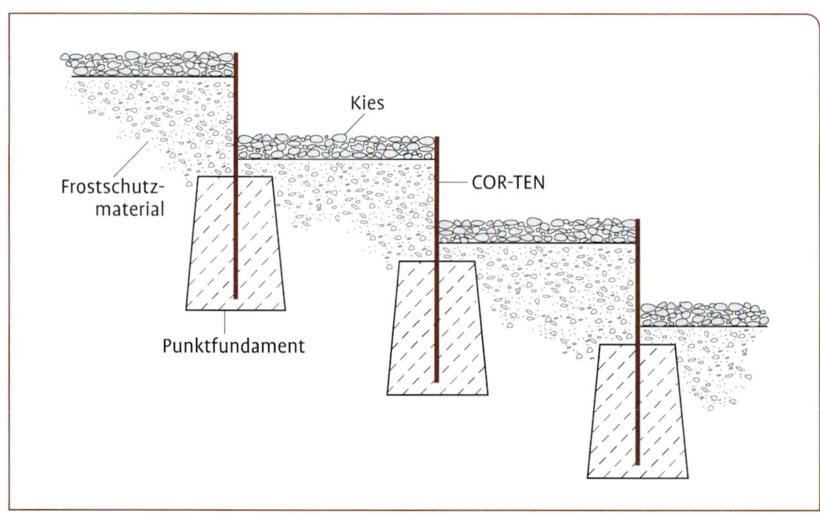

Schematischer Aufbau einer Treppe aus COR-TEN-Stahl mit Kiesabdeckung

Rechte Seite: Ebenso ungewöhnlich wie stabil, ein Zaun aus Baustahlstäben

Durch die Winkel werden die Stufen an einigen Stellen schmaler beziehungsweise breiter sein. Vermeiden Sie allerdings Bereiche, die viel schmaler als das errechnete Auftrittmaß sind.

Stellen Sie entsprechend Ihrer Zeichnung Punktfundamente her und lassen Sie die vorbereiteten Winkel der Stufen ein. Nach dem Trocknen füllen Sie, zum Beispiel mit Frostschutzmaterial 0/32, auf und geben zum Schluss eine Lage von mindestens 30 mm Kies 2/8 als Belag oben auf. Rechts und links verziehen Sie das Geländer entsprechend und bepflanzen es. Ist die Treppe breit genug, dürfen die Pflanzen auch hineinwachsen.

Möchten Sie eine gerade Treppe, dann schweißen Sie hinten offene Kästen (also nur drei Wände, wie auf der Zeichnung zu sehen). Höhe wieder 350 mm und Dicke 6 mm. Diese „Kästen" schweißen Sie dann vor Ort in der entsprechenden Höhe (Bequemlichkeitsregel) aneinander. Verankert werden sie wieder jeweils mit Punktfundamenten; Füllung und Kies wie oben beschrieben.

Zaun/Sichtschutz aus Baustahlstäben

Einen ebenso einfachen wie wirkungsvollen Zaun können Sie aus günstigen Baustahlstäben herstellen.

Material

Wählen Sie die Stäbe ca. 8 mm dick. Die Höhe sollte maximal zwischen ca. 1500 und 1800 mm (plus Fundamenttiefe ca. 600 bis 800 mm für die entsprechenden Stäbe) liegen.

Bauanleitung

Der Zaun wird vor Ort zugeschnitten und zusammengeschweißt, mindestens zwei Personen sind erforderlich.

Erstellen Sie etwa alle 500 mm lichte Weite ein Punktfundament, in dem Sie jeweils einen der Stäbe verankern. Verbinden Sie diese Grundstäbe jeweils ca. 50 bis

Der Aufbau des Zaunes ist zwar nicht schwer, erfordert aber etwas Zeit und Geduld

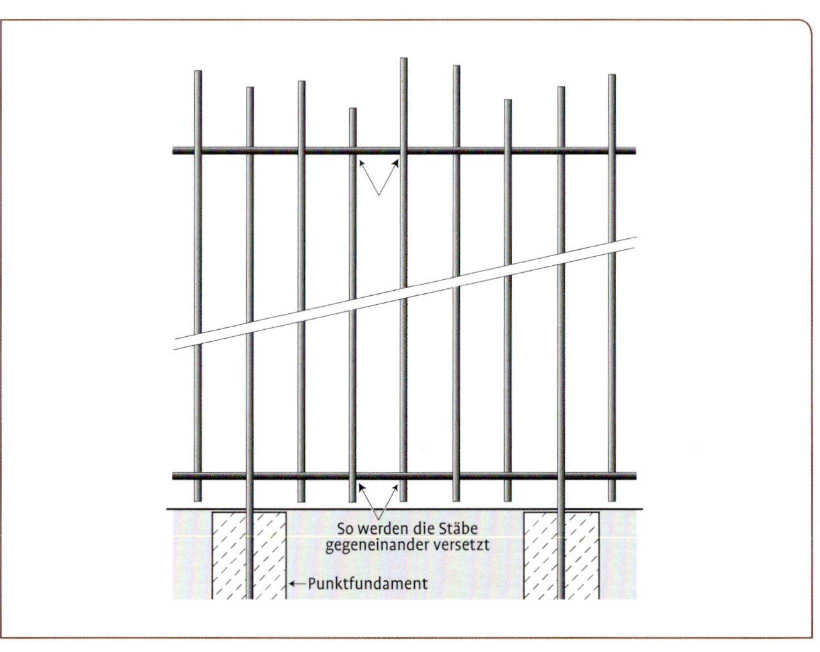

100 mm über dem Boden miteinander, je nachdem, ob mit Kies oder Erde/Bepflanzung abgedeckt werden soll. Am besten geht das, wenn der Beton noch nicht ganz fest ist, da auch hier vor beziehungsweise hinter dem verankerten Stab geheftet werden soll.

Nun folgen die Senkrechten. Sie werden in Abständen von ca. 100 mm abwechselnd vor und hinter dem Querstab angeschweißt. Gleichzeitig in ca. 1200 mm Höhe der obere Querstab, der die Stabilität gewährleistet, befestigt (erst heften, dann verschweißen). Dies erfolgt auch wieder, wie auf dem Foto ersichtlich, abwechselnd vor und hinter dem Stab (unten vor dem Querstab, oben dahinter und umgekehrt, siehe Zeichnung). Wenn Sie das Prinzip erkannt haben, werden Sie sehen, dass sich das wie von allein ergibt, da die Stäbe oben sozusagen schon in der richtigen X-Position stehen. Abschließend polieren und in der gewünschten Farbe lackieren.

Tipp für den Garten und Landschaftsbau

Ein solcher Zaun ergibt, zum Beispiel direkt an einer Terrasse, einen effektvollen Sichtschutz, der sich auch sehr gut zum Beranken eignet und den nur wirklich nicht jeder hat.

Abschließend eine Bitte

Beachten Sie, dass alle Anleitungen nach bestem Wissen ausgearbeitet und beschrieben worden sind. Eine Gewährleistung oder Garantie kann selbstverständlich nicht übernommen werden, da wir weder auf die fachgerechte Ausführung noch auf die örtlichen Gegebenheiten Einfluss haben. Wir wünschen Ihnen trotzdem viel Spaß und Erfolg bei Ihren Projekten.

Service

Literatur- und Quellenverzeichnis

BLEHER, W.; HELLING, K; HESSEL, G.; KAUFMANN, H.; KÖGER, A.; KORNAKER, P.; KOSACK, W.; SCHÖNHERR, R.; ZEILLER, W.: Umwelt: Technik 7–10. Ein Informationsbuch für den Technikunterricht. Klett-Verlag, Stuttgart, 2003–2007.

Carl Cloos Schweißtechnik GmbH, Industriestraße, D-35708 Haiger: Prozessbroschüre, 2011.

DSL Schweißtechnik GmbH, www.dsl-schweisstechnik.de, Stand Januar 2015.

Erfolgreich Heimwerken. Das praktische Nachschlagewerk. Ordner 4 „Rund ums Haus/Werkzeug und Material". Wissensverlag, 1986.

ETTEMEYER, A.; OLBRICH, O.: Konstruktionselemente – Kapitel 02: Löten. Fachhochschule München, Fachbereich 06 – Feinwerk- und Mikrotechnik. www.fb06.fh-muenchen.de/fb/index.php/download.html?f_id=2289, Stand: Januar 2015.

FISCHER, U.; HEINZLER, M.; NÄHER, F.; PAETZOLD, H.; GÖMERINGER, R.; KILGUS, R.; OESTERLE, S.; STEPHAN, A.: Tabellenbuch Metall. Verlag Europa Lehrmittel, Haan-Gruiten, 2005.

FVHF® – Fachverband Baustoffe und Bauteile für vorgehängte hinterlüftete Fassaden e. V., Berlin: Know-how für Konstruktion und Montage – Vorgehängte hinterlüftete Fassaden –Wetterfester Baustahl. Fassadentechnik (Sonderdruck), Cubus Medien Verlag, Juni 2004.

HENGESBACH, K.; HILLE, P.; KOCH, F.; LEHBERGER, J.; MÜSER, D.; PYZILLA, G.; QUADFLIEG, W.; SCHILKE, W.; SCHMIDT, J.: Berufsfeld Metall – Industriemechanik. Grund- und Fachwissen. Schülerband. Bildungsverlag EINS, Köln, 2006.

Heidenbluth Schweißtechnik, www.heidenbluth.com, Stand: Januar 2015.

Institut für Schweißtechnik und Fügetechnik (ISF), RWTH Aachen, www.isf.rwth-aachen.de: Fehler an Schweißverbindungen – PDF für die praktische Ausbildung. Stand: Januar 2015.

Lorch Schweißtechnik GmbH, Im Anwänder 24–26, D-71549 Auenwald-Mittelbrüden: Das Buch zum Schweißen, 2015.

Schweißtechnische Lehr- und Versuchsanstalt Nord: Die V-Naht. Newsletter, www.slv-nord.de/slv-nord.newsletter, Internetabruf: 31.01.2015.

Universität Zürich, Werkstatt Physikinstitut, Winterthurerstraße 190, CH-8057 Zürich: Lehrmaterial zu Fräsen, Drehen Bohren; Konstruktionshinweise; Messtechnik, allgemeine Grundlagen; Schweiß ABC.

Lichtbogenhandschweißen. Internet: Einleitende Kenntnisvermittlung (PDF). Beuth Verlag GmbH, Berlin. Stand: Januar 2015.

VBG – Verwaltungs- und Berufsgenossenschaft: Persönliche Schutzausrüstung beim Elektroschweißen. www.vbg.de/apl/arbhilf/unterw/38_psa.htm, Stand: Januar 2015.

www.anleitung-zum-schweissen.de, Stand: Januar 2015.

www.der-wirtschaftsingenieur.de, Stand: Oktober 2015.

www.hausundwerkstatt24.de/dokumente/elektroschweissen_lehrbrief.pdf: Schweißen mit Stabelektroden – Lehrmaterial für die praktische Ausbildung. Stand: Januar 2015.

www.mb.uni-siegen.de/inko_schwarz/download/me2b/me-06-folien-loeten.pdf, Stand: Januar 2015.
www.rockprojekt.de/Technik/technik3.htm, Stand: Oktober 2015.
www.schweissaufsicht.ansa.ch, Schweiz, Stand: Januar 2015.
www.wikipedia.org, Stichworte: Schweißen, Baustahl, nieten, löten und weiterführende Links, Stand: Januar 2015.

DIN-Normen

DIN 1912-4 – Zeichnerische Darstellung; Schweißen, Löten; Begriffe und Benennungen für Lötstöße und Lötnähte, Ausgabedatum 1981-05.
DIN 7261 – Werkstattfeilen; Formen, Längen, Querschnitte, Ausgabedatum 1988-12.
DIN EN ISO 2560 – Schweißzusätze – Umhüllte Stabelektroden zum Lichtbogenschweißen von unlegierten Stählen und Feinkornstählen – Einteilung (ISO 2560:2009); Deutsche Fassung EN ISO 2560:2009, Ausgabedatum 2010-03.
DIN EN ISO 6947 – Schweißen und verwandte Prozesse – Schweißpositionen (ISO 6947:2011); Deutsche Fassung EN ISO 6947:2011, Ausgabedatum 2011-08.
DIN EN ISO 14341 – Schweißzusätze – Drahtelektroden und Schweißgut zum Metall-Schutzgasschweißen von unlegierten Stählen und Feinkornstählen – Einteilung (ISO 14341:2010); Deutsche Fassung EN ISO 143141:2011, Ausgabedatum 2011-04.
DIN EN ISO 17632 – Schweißzusätze – Fülldrahtelektroden zum Metall-Lichtbogenschweißen mit und ohne Schutzgas von unlegierten Stählen und Feinkornstählen – Einteilung (ISO 17632:2004); Deutsche Fassung EN ISO 17632:2008, Ausgabedatum 2008-08 .
DIN EN ISO 17632 (Entwurf) – Schweißzusätze – Fülldrahtelektroden zum Metall-Lichtbogenschweißen mit und ohne Schutzgas von unlegierten Stählen und Feinkornstählen – Einteilung (ISO/DIS 17632:2013); Deutsche Fassung prEN ISO 17632:2013, Ausgabedatum 2013-11.

Alle DIN-Normen wurden vom Normenausschuss Bauwesen (NABau) im DIN (Deutsches Institut für Normung e. V., Beuth Verlag GmbH, Berlin, herausgegeben.
Maßgebend für das Anwenden der DIN-Normen ist deren Fassung mit dem neuesten Ausgabedatum, die bei der Beuth Verlag GmbH, Burggrafenstraße 6, 10787 Berlin, erhältlich ist.

Fachliche Berater

Für ihre fachliche Betreuung und wertvollen Hinweise sei herzlich gedankt:

Herrn Marc Lessenig,
Düsseldorf;

Herrn Philippe Metzger,
Grevenbroich.

Bildquellen

Fotos

3drenderings/Shutterstock.com: Seite 40
a-v-d/Shutterstock.com: Seite 15 oben
Alina Vasilescu/Shutterstock.com: Seite 5 (2. Bild von links), 39
Auhustsinovich/Shutterstock.com: Seite 24 rechts
Carl Cloos Schweißtechnik GmbH: Seite 5 (3. Bild von links), 70, 72, 85
David Orcea/Shutterstock.com: Seite 20 rechts
Elenarts/Shutterstock.com: Seite 7
fimkaJane/Shutterstock.com: Linkes Bild auf der Umschlagrückseite
hxdyl/Shutterstock.com: Seite 6
Ilya Andriyanov/Shutterstock.com: Seite 4, 50
lapas77/Shutterstock.com: Seite 31 (Foto im Kasten)
Lorch Schweißtechnik GmbH: Seite 71, 74 unten, 76 (beide), 78 oben, 84
mauritius images: Seite 88, 96, 97, 101, 104, 105, 106, 107, 111, 113, Titelmotiv und rechtes Bild auf der Umschlagrückseite
Metzger, Philippe: Seite 62, 66 oben links, 66 unten rechts, 67 oben, 69, 81, 90, 93 (Schweißspritzer), 99 (beide), 100 (alle)
Phil McDonald/Shutterstock.com: Seite 35 oben
Raisman/Shutterstock.com: Seite 33 oben links
Reißenweber, Angela: Seite 22 links, 23 links, 24 links, 25 Mitte, 27 (beide), 28 oben links, 28 oben rechts, 29 oben links, 31 oben links, 31 oben rechts
Roman023/Shutterstock.com: Seite 63 rechts
Rus S/Shutterstock.com: Seite 5 (4. Bild von links), 57
Suchat Siriboot/Shutterstock.com: Seite 33 oben rechts
Suponev Vladimir/Shutterstock.com: Seite 55 (Foto im Kasten)
Vereshchagin Dmitry/Shutterstock.com: Seite 14 unten
Volodymyr Burdiak/Shutterstock.com: Seite 5 (1. Bild von links), 19
Weerawit Thitiworasith/Shutterstock.com: Seite 37
Wittaya Budda/Shutterstock.com: Seite 10
wsf-s/Shutterstock.com: Seite 23 rechts

Zeichnungen

Die Zeichnungen fertigte Siegfried Lokau, Bochum-Wattenscheid, nach Angaben der Autorin beziehungsweise den nachfolgend angegebenen Quellen:

BLEHER, W. et al. (2003–2007): Seite 11 unten, 12 rechts, 34

DSL Schweißtechnik GmbH, Heidenbluth Schweißtechnik und Institut für Schweißtechnik und Fügetechnik (ISF) der RWTH Aachen: Seiten 93 bis 95

Erfolgreich heimwerken (Wissensverlag): Seite 12 links, 36

FISCHER, U. et al. (2005): Seite 28 Mitte, 28 unten

HENGESBACH, K. et al. (2006): Seite 15 unten, 16 links, 16 rechts, 20 links, 22 rechts, 25 unten, 25 oben, 26, 29, 30 oben rechts, 30 unten, 35 unten, 45 oben, 86, 87

Institut für Schweißtechnik und Fügetechnik (ISF) der RWTH Aachen, www.isf.rwth-aachen.de: Seite 92

Lichtbogenhandschweißen. Internet: Einleitende Kenntnisvermittlung (PDF). Beuth Verlag GmbH, Berlin: Seite 58, 59, 66 oben rechts, 66 unten links, 123

Universität Zürich, Werkstatt Physikinstitut, Winterthurerstraße 190, CH-8057 Zürich: Seite 11 oben links, 11 oben rechts, 13, 14 oben links, 14 oben rechts, 21, 43, 75 oben

www.der-wirtschaftsingenieur.de: Seite 8

www.hausundwerkstatt24.de/dokumente/elektroschweissen_lehrbrief.pdf: Seite 41, 42 (im Kasten), 48, 53, 56, 63 links, 64 oben, 64 unten, 65, 67 unten, 68 oben, 68 unten, 121, 122

www.mb.uni-siegen.de/inko_schwarz/download/me2b/me-06-folien-loeten.pdf: Seite 32 links

www.rockprojekt.de/Technik/technik3.htm: Seite 32 rechts

www.schweissaufsicht.ansa.ch, Schweiz: Seite 75 unten

Register

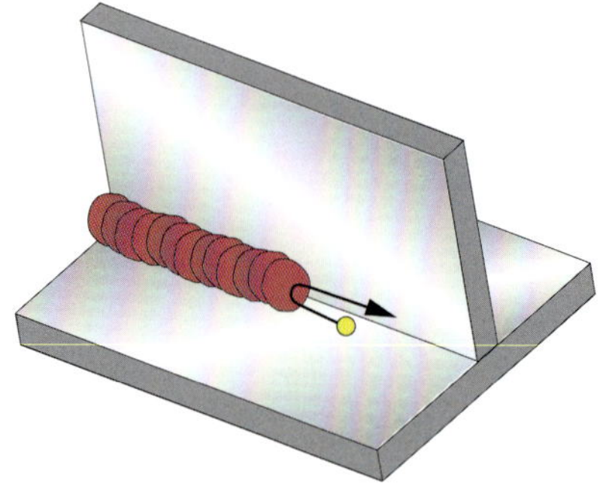

U

V

W

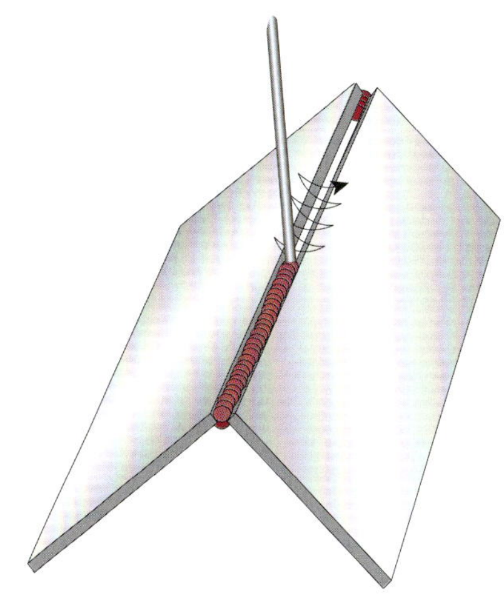

X

Z

Die in diesem Buch enthaltenen Empfehlungen und Angaben sind von den Autoren mit größter Sorgfalt zusammengestellt und geprüft worden. Eine Garantie für die Richtigkeit der Angaben kann aber nicht gegeben werden. Autoren und Verlag übernehmen keinerlei Haftung für Schäden und Unfälle.

Bibliografische Information der Deutschen Nationalbibliothek
Die Deutsche Nationalbibliothek verzeichnet diese Publikation in der Deutschen Nationalbibliografie; detaillierte bibliografische Daten sind im Internet über http://dnb.d-nb.de abrufbar.

Wollgrasweg 41, 70599 Stuttgart (Hohenheim)
E-Mail: info@ulmer.de
Internet: www.ulmer-verlag.de
Lektorat: Dr. Angelika Jansen, Birgit Schüller
Umschlaggestaltung: Verlag Eugen Ulmer
Satz: r&p digitale medien, Echterdingen
Reproduktion: timeRay, Herrenberg
Druck und Bindung: Firmengruppe APPL, aprinta Druck, Wemding
Printed in Germany

ISBN 978-3-8001-3379-6